高田佳和 著

最良母集団の選び方

統計学 One Point 13

共立出版

「統計学 One Point」編集委員会

「統計学 One Point」刊行にあたって

まず述べねばならないのは，著名な先人たちが編纂された共立出版の『数学ワンポイント双書』が本シリーズのベースにあり，編集委員の多くがこの書物のお世話になった世代ということである．この『数学ワンポイント双書』は数学を理解する上で，学生が理解困難と思われる急所を理解するために編纂された秀作本である．

現在，統計学は，経済学，数学，工学，医学，薬学，生物学，心理学，商学など，幅広い分野で活用されており，その基本となる考え方・方法論が様々な分野に散逸する結果となっている．統計学は，それぞれの分野で必要に応じて発展すればよいという考え方もある．しかしながら統計を専門とする学科が分散している状況の我が国においては，統計学の個々の要素を構成する考え方や手法を，網羅的に取り上げる本シリーズは，統計学の発展に大きく寄与できると確信するものである．さらに今日，ビッグデータや生産の効率化，人工知能，IoT など，統計学をそれらの分析ツールとして活用すべしという要求が高まっており，時代の要請も機が熟したと考えられる．

本シリーズでは，難解な部分を解説することも考えているが，主として個々の手法を紹介し，大学で統計学を履修している学生の副読本，あるいは大学院生の専門家への橋渡し，また統計学に興味を持っている研究者・技術者の統計的手法の習得を目標として，様々な用途に活用していただくことを期待している．

本シリーズを進めるにあたり，それぞれの分野において第一線で研究されている経験豊かな先生方に執筆をお願いした．素晴らしい原稿を執筆していただいた著者に感謝申し上げたい．また各巻のテーマの検討，著者への執筆依頼，原稿の閲読を担っていただいた編集委員の方々のご努力に感謝の意を表するものである．

編集委員会を代表して　鎌倉稔成

まえがき

複数の選択肢（母集団）から最適なものを，データをもとに選択したい場合がしばしば起こる．例えば，製品の強度を改善するために新たに開発された触媒 A，B，C，D の中で強度を最大にする触媒を選択したい．これまで行われてきた方法は**分散分析法**を用い，各触媒での製品の強度の母平均が等しいかどうかの仮説を検定し，等しいという仮説が棄却されたときは標本平均が最大となる触媒を選択する．棄却されなければ母平均に差がないとし，どの触媒を選んでもよいと考え，標本平均が最大となる触媒を選択する．いずれにしても，標本平均が最大となる触媒が選択される．このとき問題となるのは，選択された触媒が，他の触媒と比較して真に製品の強度を最大にするかである．この方法ではその保証は得られない．複数の選択肢から最適なものを選択する問題に分散分析法を用いるのは適切とはいえない．

また，複数の選択肢からいくつかを選択したい場合がある．例えば，現在候補に挙がっている治療薬の中から，より詳しく効能を調べるために治療薬を絞りたい場合である．

このような選択問題を扱う統計的方法を総称して**順位付けと選択** (ranking and selection) と呼ばれている．選択方法の中で，特に重要な方法を取り上げて紹介するのが本書の目的である．

次に各章の内容を解説する．第 1 章は複数の正規母集団の母平均の中で最適な母平均を持つ母集団（**最良母集団**）を選択する問題を扱っている．母平均の選択で母分散が未知であると，標本数を予め固定しては選択方法を構成することはできないことが知られている．この問題を解決するには標本数をデータから決める**逐次的方法** (sequential method) を用いる必要がある．逐次的方法の中でよく用いられるのが**二段階推測法** (two-stage statistical method) である．二段階推測法は標本抽出を二段階に分け，第一段階の標本をもとに第二段階で抽出する標本数を決定し，推測方法を構成する．逐次的方法としては二段階推測法以外にもいくつか提案されているが，その簡便性と実用性から，本書では二段階推測法を用いることにする．正規分布の母平均の推測に用いられる二段階推測法には二種類ある．標本平均を用いる方法と加重平均を用いる方法である．特に，後者は**分散不均一法** (heteroscedastic method) と呼ばれる．分散不均一法は，選択問題だけでなく，母分散が等しいとは限らない場合に母平均に関する推測方法を構成するのに有用である．選択問題において，**標準値**，**対照母集団**がある場合がある．先ほどの触媒の例で，指定された強度（標準値）を超える触媒がある場合に限り最適な触媒を選択したい場合や，現在使用している触媒（対照母集団）よりも強度において優れた触媒がある場合に限り最適な触媒を選択したい場合である．その場合の選択方法についても解説する．

第 2 章では，最良母集団を選択するのではなく，最良母集団を含む母集団の部分集合を選択する問題を解説している．この問題は**部分集合選択** (subset selection) と呼ばれる．部分集合選択は，最適な母集団を選択する前に，選択肢を絞るときに用いることができる．標準値，対照母集団がある場合の部分集合の選択問題も取り上げている．

第 3 章では，正規分布の母平均に関する選択問題以外で特に重要な選択問題を解説している．まず，製品の不良率や薬の有効率に関わる二項分布に関する選択問題である．次に，製品の品質のバラツキを抑えるときに重要である正規分布の母分散に関する選択問題，指数分布の位置母数（**閾値**）に関する選択問題を説明する．これまでは複数の母集団に関する選択問題であったが，最後に多変量分布に関する選択問題を解説する．最初は多変量正規分布の平均ベクトルの成分の中で最良な成分の選択問題，次に多項分布のカテゴリーの中で最良なカテゴリーの選択問題を説明する．

付録 A では，これまでの章で用いた重要な結果を解説している．最初は標本数を固定すると推測方法が構成できない問題を取り上げ，選択問題以外の推測問題においてもそのような問題が起こることを示す．次に，二段階推測法の特性，および標本数が確率変数となるので，その期待値について説明している．さらに，二段階推測法の選択問題以外の応用として仮説検定を取り上げている．また，選択方式に用いられる**非重要領域方式**（IZ 方式）と**信頼声明方式**（CS 方式）の同等性を解説している．最後に選択方法の導出に用いられる**スレピアンの不等式** (Slepian's inequality) と**ボンフェローニの不等式** (Bonferroni inequality) を解説している．

各章の構成は，選択方法を解説し，その使い方を例題で説明している．さらに，読者の理解を深めるために演習問題を与えている．章末の補注には，選択方法の解説に参考にした文献，および関連事項を記載している．また，各章で用いた結果（定理）の導出に興味のある読者のために，巻末の付録 B で，定理の証明を与えている．選択方法を使用するには，数表が不可欠である．各章に記載されている数表の数値は，数式ソフト **Mathematica** を用いて求めた値である．

最後に，本書を執筆する機会を与えてくださった本シリーズの編集委員長でもある鎌倉稔成先生（中央大学），貴重なコメントをいただいた閲読者の先生方，さらに本書の出版に際して大変お世話になった共立出版編集部の方々に感謝の意を表します．

2019 年 3 月

高田佳和

目　次

記 号 表

$N(\mu, \sigma^2)$：平均 μ，分散 σ^2 の正規分布

$N_k(\boldsymbol{\mu}, \Sigma)$：平均ベクトル $\boldsymbol{\mu}$，分散共分散行列 Σ の k 次元正規分布

$Exp(\mu, \sigma)$：位置母数 μ，尺度母数 σ の指数分布

$B(n, p)$：二項分布（試行回数 n，発生確率 p）

$\Phi(x)$：標準正規分布の分布関数

$\phi(x)$：標準正規分布の確率密度関数

$F_\nu(x)$：自由度 ν のカイ二乗分布の分布関数

$f_\nu(x)$：自由度 ν のカイ二乗分布の確率密度関数

$\Psi_\nu(x)$：自由度 ν の t 分布の分布関数

$\psi_\nu(x)$：自由度 ν の t 分布の確率密度関数

$t_\nu(r)$：自由度 ν の t 分布の上側 $100r\%$ 点

$K_\nu(x)$：T_1, T_2 は互いに独立に自由度 ν の t 分布に従う確率変数であるとき $T_1 - T_2$ の分布関数

$G(x, p)$：二項分布 $B(n, p)$ の分布関数

$g(x, p)$：二項分布 $B(n, p)$ の確率関数

$F(x, p)$：二項分布 $B(n, p)$ に対する連続型二項分布の分布関数

$f(x, p)$：二項分布 $B(n, p)$ に対する連続型二項分布の確率密度関数

$E(X)$：確率変数 X の期待値

$E(X|A)$：事象 A を与えたときの確率変数 X の条件付き期待値

$P(A|B)$：事象 B を与えたときの事象 A の条件付き確率

H_0：帰無仮説

H_1：対立仮説

第1章

最良母集団の選択

$k(\geq 2)$ 個の母集団 $\Pi_1, \ldots, \Pi_k$ の母集団分布は正規分布 $N(\mu_i, \sigma_i^2), i = 1, \ldots, k$ とし，母平均 $\mu_1, \ldots, \mu_k$ の値は未知とする．それらを大きさの順に並べ替えた値を $\mu_{[1]} \leq \cdots \leq \mu_{[k]}$ とし，$\mu_{[k]}$ を母平均に持つ母集団を最良母集団と呼ぶことにする．本章では，各母集団からの標本に基づき最良母集団を選択する方法，および，標準値，対照母集団がある場合の最良母集団を選択する方法について解説する．

1.1　最良母集団の選択

1.1.1　等分散の場合

母集団 Π_i の母集団分布は正規分布 $N(\mu_i, \sigma^2), i = 1, \ldots, k$ とする．$X_{i1}, \ldots, X_{in}$ を母集団 Π_i からの大きさ n の標本とし，その標本平均を

$$\bar{X}_{i(n)} = \frac{1}{n}\sum_{j=1}^{n} X_{ij}, \quad i = 1, \ldots, k$$

とする．選択方法は

$$\bar{X}_{i(n)} = \max\{\bar{X}_{1(n)}, \ldots, \bar{X}_{k(n)}\}$$

ならば，母集団 Π_i を選択する．この方法を用いたとき，**正しい選択** (CS: correct selection) が起こる確率，すなわち，選択した母集団が最良母集

団である確率を求める．$\mu_{[i]}$ を母平均に持つ母集団からの標本平均を $\bar{X}_{(i)}$ で表す．CS の起こる確率 $P(\mathrm{CS})$ は，$Z_i = \sqrt{n}(\bar{X}_{(i)} - \mu_{[i]})/\sigma$, $i = 1, \ldots, k$ とおくと，Z_i の分布は標準正規分布であるので

$$
\begin{aligned}
P(\mathrm{CS}) &= P(\bar{X}_{(k)} > \bar{X}_{(i)}, i = 1, \ldots, k-1) \\
&= P\left(\frac{\sqrt{n}(\bar{X}_{(k)} - \mu_{[k]})}{\sigma} + \frac{\sqrt{n}(\mu_{[k]} - \mu_{[i]})}{\sigma} > \frac{\sqrt{n}(\bar{X}_{(i)} - \mu_{[i]})}{\sigma},\right. \\
&\qquad\qquad\qquad\qquad\qquad\qquad \left. i = 1, \ldots, k-1\right) \\
&= P\left(Z_k + \frac{\sqrt{n}(\mu_{[k]} - \mu_{[i]})}{\sigma} > Z_i, i = 1, \ldots, k-1\right) \\
&= \int_{-\infty}^{\infty} \left\{\prod_{i=1}^{k-1} \Phi\left(x + \frac{\sqrt{n}(\mu_{[k]} - \mu_{[i]})}{\sigma}\right)\right\} \phi(x)dx \qquad (1.1) \\
&\geq \int_{-\infty}^{\infty} \Phi^{k-1}(x)\phi(x)dx = \int_0^1 y^{k-1}dy = \frac{1}{k}
\end{aligned}
$$

である．ここで，$\Phi(x), \phi(x)$ は標準正規分布の分布関数，確率密度関数を表し，変数変換 $y = \Phi(x)$ を用いた．不等式において等号は，$\mu_1 = \cdots = \mu_k$ のとき成立する．このことから，$P(\mathrm{CS})$ を与えられた P^* $(1/k < P^* < 1)$ 以上にすることは，標本数 n をどのように選んでもできないことがわかる．ただし，$P^* > 1/k$ は必要である．なぜなら，無作為に k 個の母集団から 1 個選べば，$P(\mathrm{CS}) = 1/k$ であるからである．

この問題の解決策として二通りの方法が提案されている．**非重要領域方式**（IZ 方式：indifference zone approach）と**信頼声明方式**（CS 方式：confidence statement approach）である．IZ 方式では，母数空間を**重要領域** (preference zone) と**非重要領域** (indifference zone) に分割し，重要領域では最良母集団の選択を保証する．CS 方式では，選ばれた母集団が最良母集団であるという保証はないが，最良母集団との差は与えられた値以内であることを保証する．

まず IZ 方式について説明する．$\delta^*(> 0)$ を与え，母数空間を次の 2 つの集合に分割する．

$$\Omega = \{(\mu_1, \ldots, \mu_k) : \quad \mu_{[k]} - \mu_{[k-1]} \geq \delta^*\},$$
$$\bar{\Omega} = \{(\mu_1, \ldots, \mu_k) : \quad \mu_{[k]} - \mu_{[k-1]} < \delta^*\}$$

Ω が重要領域，$\bar{\Omega}$ が非重要領域である．正しい選択 (CS) の信頼性を Ω では保証する．すなわち，与えられた P^* $(1/k < P^* < 1)$ に対して

$$P(\mathrm{CS}) \geq P^*, \quad (\mu_1, \ldots, \mu_k) \in \Omega \tag{1.2}$$

を満たすように標本数 n を選ぶ．

次に CS 方式について説明する．$\delta^*(> 0)$ と P^* $(1/k < P^* < 1)$ を与え

$$P(\mu_{[k]} - \delta^* < \mu_S \leq \mu_{[k]}) \geq P^* \tag{1.3}$$

を満たすように標本数 n を選ぶ．ここで，μ_S は選択された母集団の母平均を表す．IZ 方式では，選ばれた母集団が最良母集団であることは母数が重要領域に属する限り保証されているが，非重要領域では保証されない．一方，CS 方式では，選ばれた母集団は最良母集団であるという保証はないが，その母平均と最良母集団の母平均との差は与えられた値 δ^* 以内であることを保証している．実用上は CS 方式の方が有用である．

$\mu_{[k]} - \mu_{[k-1]} \geq \delta^*$ であるとき，$\mu_{[k]} - \delta^* < \mu_S \leq \mu_{[k]}$ ならば，$\mu_S = \mu_{[k]}$ であるので，(1.3) を満たせば (1.2) は満たされる．逆も成り立つことが示される（付録 A 定理 A.15）．標本数を求めるには，IZ 方式を用いる方が容易であるので，以後は IZ 方式を用いて標本数を求めることにする．

$\mu_{[k]} - \mu_{[k-1]} \geq \delta^*$ のとき，(1.1) より

$$P(\mathrm{CS}) \geq \int_{-\infty}^{\infty} \Phi^{k-1}\left(x + \frac{\sqrt{n}\delta^*}{\sigma}\right)\phi(x)dx$$

となり，等号は，$\mu_{[1]} = \cdots = \mu_{[k-1]} = \mu_{[k]} - \delta^*$ のときに成立する．この条件を満たす母数を**最も不利な母数** (LFC: least favorable configuration) という．τ を次の方程式の解とする．

$$\int_{-\infty}^{\infty} \Phi^{k-1}(y + \tau)\phi(y)dy = P^* \tag{1.4}$$

表 1.1 h $(P^* = 0.95)$

$m\backslash k$	2	3	4	5	6	7	8	9	10
10	2.453	2.825	3.017	3.143	3.238	3.313	3.375	3.428	3.474
12	2.429	2.804	2.998	3.127	3.223	3.300	3.363	3.417	3.464
14	2.413	2.789	2.985	3.116	3.213	3.291	3.355	3.409	3.457
16	2.401	2.778	2.976	3.108	3.206	3.284	3.349	3.404	3.452
18	2.392	2.770	2.969	3.102	3.201	3.279	3.344	3.400	3.448
20	2.385	2.764	2.963	3.097	3.196	3.275	3.341	3.396	3.445
∞	2.326	2.711	2.917	3.056	3.160	3.242	3.310	3.368	3.419

このとき，標本数nが$\sqrt{n}\delta^*/\sigma \geq \tau$を満たせば$P(\mathrm{CS}) \geq P^*$となるので，母分散$\sigma^2$の値が既知であれば標本数$n$を

$$n = \left[\frac{\tau^2\sigma^2}{\delta^{*2}}\right] + 1 \tag{1.5}$$

とすれば，(1.2) が満たされる．ここで，$[x]$はxを超えない最大の整数を表す．(1.2) と (1.3) は同等なので，標本数 (1.5) は (1.3) も満たす．表 1.1 で$m = \infty$のときのhの値が，$k = 2, 3, \ldots, 10, P^* = 0.95$のときの方程式 (1.4) の解$\tau$である．

【例題 1.1】 5 個の肥料 A, B, C, D, E の中で，一区画当たりの小麦の収穫量 (kg) が最大となる肥料を選びたい．ただし，$\delta^* = 5.0, P^* = 0.95$，母分散の値は既知とし，$\sigma^2 = 10^2$とする．

表 1.1 より$\tau = 3.056$であるので，(1.5) より

$$n = \left[\frac{3.056^2 \times 10^2}{5.0^2}\right] + 1 = 38$$

となる．このことから各肥料で 38 回実験を行えばよい．その標本平均が，例えば

A	B	C	D	E
90.4	86.4	83.2	92.3	88.6

とすると，肥料 D が選択される．肥料 D が収穫量を最大にするか，収穫量を最大にする肥料に比べて，その母平均の差は 5.0 以下である（信頼度

95%).

次に，共通の母分散 σ^2 の値は未知とする．このとき，標本数を固定すると (1.2) を満たす選択方法は構成できない（付録 A 定理 A.3）．(1.2) を満たすには標本数を逐次的方法で定める必要がある．逐次的方法の一つである二段階推測法を用いて，標本数と選択方法を定めることにする．

第一段階の標本数（**初期標本数**）を $m(\geq 2)$ とする．$X_{i1}, \ldots, X_{im}$ を母集団 Π_i からの大きさ m の標本（**初期標本**）とし，その標本分散

$$S_i^2 = \frac{1}{m-1}\sum_{j=1}^{m}(X_{ij} - \bar{X}_{i(m)})^2, \quad i = 1, \ldots, k$$

を求め，未知の母分散 σ^2 の値を

$$\hat{\sigma}^2 = \frac{1}{k}\sum_{i=1}^{k} S_i^2$$

で推定する．全標本数 N は (1.5) で定義される標本数を推定する形で決定される．すなわち

$$N = \max\left\{m, \left[\frac{h^2\hat{\sigma}^2}{\delta^{*2}}\right] + 1\right\} \tag{1.6}$$

である．ここで，$h(>0)$ は次の方程式の解である．

$$\int_0^\infty \left\{\int_{-\infty}^\infty \Phi^{k-1}\left(x + h\sqrt{\frac{y}{\nu}}\right)\phi(x)dx\right\} f_\nu(y)dy = P^* \tag{1.7}$$

ただし，$\nu = k(m-1)$，$f_\nu(x)$ は自由度 ν のカイ二乗分布の確率密度関数を表す．$N > m$ ならば，第二段階に進み，母集団 Π_i から，その差 $N - m$ 個の標本 $X_{im+1}, \ldots, X_{iN}$ を抽出する．第一段階と第二段階を合わせた標本の標本平均を

$$\bar{X}_{i(N)} = \frac{1}{N}\sum_{j=1}^{N} X_{ij}, \quad i = 1, \ldots, k$$

とし

$$\bar{X}_{i(N)} = \max\{\bar{X}_{1(N)}, \ldots, \bar{X}_{k(N)}\}$$

ならば，母集団 Π_i を選択する．このとき次のことが成り立つ．

定理 1.1

標本数を (1.6) で定め，標本平均を用いた選択方法は (1.2) を満たす．

表 1.1 は $k = 2, 3, \ldots, 10, m = 10, 12, \ldots, 20, P^* = 0.95$ のときの方程式 (1.7) の解 h の値である．$m = \infty$ の値は，方程式 (1.4) の解 τ である．(1.7) より $\lim_{m\to\infty} h = \tau$ が示される．

【例題 1.2】 例題 1.1 を取り上げる．ただし，母分散は共通であるが未知とする．二段階推測法を適用する．初期標本数を $m = 10$ とし，各肥料で 10 回実験をする．初期標本の標本分散が下記の通りであったとする．

A	B	C	D	E
120.6	86.4	104.2	90.4	116.4

このとき

$$\hat{\sigma}^2 = \frac{120.6 + 86.4 + 104.2 + 90.4 + 116.4}{5} = 103.6$$

であり，表 1.1 より $h = 3.143$ であるので，(1.6) より

$$N = \max\left\{10, \left[\frac{3.143^2 \times 103.6}{5.0^2}\right] + 1\right\} = 41$$

となる．すなわち各肥料で，さらに，$N - m = 41 - 10 = 31$ 回の実験が必要である．追加実験を行い，第一段階と第二段階を合わせた標本の標本平均の中で最大の標本平均を持つ肥料を選択すれば，(1.2) が満たされる．

注意 1.1

二段階推測法を用いるとき，問題になるのは初期標本数 m の選び方である．しかし，m を任意に選んでも信頼性は保証される．影響するのは標本数 N である（m と N の期待値の関係に関しては，付録 A.2.3 を参照）．m の決まった選び方はないが，母分散の推定量の自由度 ν がある程度大きいのが望ましい．

1.1.2　母分散が一般の場合

母集団 Π_i の母集団分布は正規分布 $N(\mu_i, \sigma_i^2), i = 1, \ldots, k$ とする．まず母分散 σ_i^2 の値は既知とする．分散不均一法（付録 A.2.1 参照）を用いて (1.2) を満たす標本数と選択方法を定める．

母集団 Π_i からの標本数 n_i を

$$n_i = \max\left\{2, \left[\frac{\sigma_i^2}{z}\right] + 1\right\} \tag{1.8}$$

とする．ここで，$z = \delta^{*2}/\tau^2$ であり，τ は方程式 (1.4) の解である．母集団 Π_i からの n_i 個の標本 $X_{i1}, \ldots, X_{in_i}$ に対して

$$\tilde{X}_i = a_i \sum_{j=1}^{n_i-1} X_{ij} + b_i X_{in_i} \tag{1.9}$$

とする．ただし

$$a_i = \frac{1}{n_i}\left(1 + \sqrt{\frac{1}{n_i - 1}\left(n_i \frac{z}{\sigma_i^2} - 1\right)}\right), \quad b_i = 1 - (n_i - 1)a_i$$

である．

$$\tilde{X}_i = \max\{\tilde{X}_1, \ldots, \tilde{X}_k\}$$

ならば，母集団 Π_i を選択する．このとき (1.2) が満たされる（演習問題 1.8）．

母分散 σ_i^2 の値が未知である場合，(1.2) を満たす標本数と選択方法として，二段階推測法と分散不均一法が適用できる．最初に二段階推測法について解説する．

第一段階の初期標本数を $m(\geq 2)$ とし，母集団 Π_i からの大きさ m の初期標本の標本分散を $S_i^2, i = 1, \ldots, k$ とする．母集団 Π_i からの全標本数を

表 1.2 $\tilde{h}$ $(P^* = 0.95)$

$m\backslash k$	2	3	4	5	6	7	8	9	10
10	2.615	3.166	3.477	3.693	3.859	3.994	4.107	4.203	4.290
12	2.556	3.083	3.376	3.580	3.735	3.860	3.965	4.056	4.135
14	2.517	3.028	3.311	3.506	3.655	3.774	3.874	3.960	4.036
16	2.490	2.989	3.264	3.454	3.598	3.714	3.810	3.893	3.966
18	2.469	2.960	3.230	3.415	3.556	3.669	3.763	3.844	3.915
20	2.453	2.938	3.204	3.386	3.524	3.635	3.727	3.807	3.876
∞	2.326	2.764	3.000	3.159	3.279	3.375	3.454	3.521	3.580

$$N_i = \max\left\{m, \left[\frac{\tilde{h}^2 S_i^2}{\delta^{*2}}\right] + 1\right\}, \quad i = 1, \ldots, k \tag{1.10}$$

とする．ここで，$\tilde{h}(> 0)$ は次の方程式の解である．

$$\int_0^\infty \left\{\int_0^\infty \Phi\left(\frac{\tilde{h}}{\sqrt{\nu(1/x + 1/y)}}\right) f_\nu(x)dx\right\}^{k-1} f_\nu(y)dy = P^* \tag{1.11}$$

ただし，$\nu = m - 1$ である．$N_i > m$ ならば，第二段階に進み，その差 $N_i - m$ 個の標本を母集団 Π_i から抽出する．第一段階と第二段階を合わせた標本の標本平均を $\bar{X}_{i(N_i)}, i = 1, \ldots, k$ とし

$$\bar{X}_{i(N_i)} = \max\{\bar{X}_{1(N_1)}, \ldots, \bar{X}_{k(N_k)}\}$$

ならば，母集団 Π_i を選択する．このとき次のことが成り立つ．

定理 1.2

標本数を (1.10) で定め，標本平均を用いた選択方法は (1.2) を満たす．

表 1.2 は $k = 2, 3, \ldots, 10, m = 10, 12, \ldots, 20, P^* = 0.95$ のとき，方程式 (1.11) の解 $\tilde{h}$ の値である．$m = \infty$ の値は，次の方程式の解 a である．

$$\Phi^{k-1}\left(\frac{a}{\sqrt{2}}\right) = P^* \tag{1.12}$$

(1.11) より $\lim_{m\to\infty} \tilde{h} = a$ が示される．$k = 2$ のとき，方程式 (1.4) と (1.12) の解は同じである．

【例題 1.3】 例題 1.1 を取り上げる．ただし，母分散は未知で，等分散とは限らないとする．二段階推測法を適用する．初期標本数を $m = 10$ とし，初期標本の標本分散は例題 1.2 の値を用いる．表 1.2 より $\tilde{h} = 3.693$ であるので (1.10) より

$$N_1 = \max\left\{10, \left[\frac{3.693^2 \times 120.6}{5.0^2}\right] + 1\right\} = 66,$$

$$N_2 = \max\left\{10, \left[\frac{3.693^2 \times 86.4}{5.0^2}\right] + 1\right\} = 48,$$

$$N_3 = \max\left\{10, \left[\frac{3.693^2 \times 104.2}{5.0^2}\right] + 1\right\} = 57,$$

$$N_4 = \max\left\{10, \left[\frac{3.693^2 \times 90.4}{5.0^2}\right] + 1\right\} = 50,$$

$$N_5 = \max\left\{10, \left[\frac{3.693^2 \times 116.4}{5.0^2}\right] + 1\right\} = 64$$

となる．したがって，肥料 A では $N_1 - m = 66 - 10 = 56$ 回，肥料 B では $N_2 - m = 48 - 10 = 38$ 回，肥料 C では $N_3 - m = 57 - 10 = 47$ 回，肥料 D では $N_4 - m = 50 - 10 = 40$ 回，肥料 E では $N_5 - m = 64 - 10 = 54$ 回の追加実験が必要である．追加実験を行い，第一段階と第二段階を合わせた標本の標本平均の中で最大の標本平均に対応する肥料を選択すれば，(1.2) が満たされる．

次に，分散不均一法について解説する．初期標本数を $m (\geq 2)$ とし，母集団 Π_i からの大きさ m の初期標本の標本平均，標本分散を $\bar{X}_{i(m)}, S_i^2, i = 1, \ldots, k$ とする．母集団 Π_i からの全標本数 $\tilde{N}_i$ を

$$\tilde{N}_i = \max\left\{m + 1, \left[\frac{S_i^2}{z}\right] + 1\right\}, \quad i = 1, \ldots, k \tag{1.13}$$

とする．ただし，$z = \delta^{*2}/\gamma^2$ であり，γ は次の方程式の解である．

$$\int_{-\infty}^{\infty} \Psi_\nu^{k-1}(x + \gamma)\psi_\nu(x)dx = P^* \tag{1.14}$$

ここで，$\Psi_\nu(x)$ は自由度 $\nu = m - 1$ の t 分布の分布関数，$\psi_\nu(x)$ はその確率密度関数を表す．分散不均一法は，標本数 (1.13) の定義から必ず第二

表 1.3　γ $(P^* = 0.95)$

$m\backslash k$	2	3	4	5	6	7	8	9	10
10	2.615	3.082	3.345	3.529	3.670	3.785	3.881	3.965	4.039
12	2.556	3.006	3.256	3.430	3.562	3.669	3.759	3.837	3.905
14	2.517	2.955	3.198	3.365	3.492	3.594	3.680	3.754	3.819
16	2.490	2.919	3.156	3.319	3.442	3.542	3.625	3.696	3.758
18	2.469	2.893	3.125	3.285	3.406	3.503	3.584	3.653	3.714
20	2.453	2.872	3.102	3.259	3.377	3.473	3.552	3.620	3.679
∞	2.326	2.711	2.917	3.056	3.160	3.242	3.310	3.368	3.419

段階に進む．母集団 Π_i から $\tilde{N}_i - m$ 個の追加標本の標本平均を $\hat{\bar{X}}_{i(\tilde{N}_i - m)}$ とし

$$\tilde{X}_{i(\tilde{N}_i)} = (1 - b_i)\bar{X}_{i(m)} + b_i \hat{\bar{X}}_{i(\tilde{N}_i - m)}, \quad i = 1 \ldots, k \tag{1.15}$$

とする．ただし

$$b_i = \frac{\tilde{N}_i - m}{\tilde{N}_i}\left(1 + \sqrt{\frac{m(\tilde{N}_i z - S_i^2)}{(\tilde{N}_i - m)S_i^2}}\right), \quad i = 1, \ldots, k$$

である．

$$\tilde{X}_{i(\tilde{N}_i)} = \max\{\tilde{X}_{1(\tilde{N}_1)}, \ldots, \tilde{X}_{k(\tilde{N}_k)}\}$$

であれば，母集団 Π_i を選択する．このとき次のことが成り立つ．

定理 1.3

標本数を (1.13) で定め，(1.15) で定義される推定量を用いた選択方法は (1.2) を満たす．

表 1.3 は $k = 2, 3, \ldots, 10, m = 10, 12, \ldots, 20, P^* = 0.95$ のとき，方程式 (1.14) の解 γ の値である．$m = \infty$ の値は，方程式 (1.4) の解 τ である．(1.14) より $\lim_{m\to\infty} \gamma = \tau$ が示される．

【例題 1.4】　例題 1.1 を取り上げる．ただし，母分散は未知で，等分散とは限らないとする．分散不均一法を適用する．初期標本数を $m = 10$ と

し，初期標本の標本分散は例題 1.2 の値を用いる．表 1.3 より $\gamma = 3.529$ であるので，(1.13) より

$$\tilde{N}_1 = \max\left\{10+1, \left[\frac{3.529^2 \times 120.6}{5.0^2}\right]+1\right\} = 61,$$

$$\tilde{N}_2 = \max\left\{10+1, \left[\frac{3.529^2 \times 86.4}{5.0^2}\right]+1\right\} = 44,$$

$$\tilde{N}_3 = \max\left\{10+1, \left[\frac{3.529^2 \times 104.2}{5.0^2}\right]+1\right\} = 52,$$

$$\tilde{N}_4 = \max\left\{10+1, \left[\frac{3.529^2 \times 90.4}{5.0^2}\right]+1\right\} = 46,$$

$$\tilde{N}_5 = \max\left\{10+1, \left[\frac{3.529^2 \times 116.4}{5.0^2}\right]+1\right\} = 58$$

となる．したがって，肥料 A では $\tilde{N}_1 - m = 61 - 10 = 51$ 回，肥料 B では $\tilde{N}_2 - m = 44 - 10 = 34$ 回，肥料 C では $\tilde{N}_3 - m = 52 - 10 = 42$ 回，肥料 D では $\tilde{N}_4 - m = 46 - 10 = 36$ 回，肥料 E では $\tilde{N}_5 - m = 58 - 10 = 48$ 回の追加実験が必要である．追加実験を行い，$\tilde{X}_{1(61)}, \tilde{X}_{2(44)}, \tilde{X}_{3(52)}, \tilde{X}_{4(46)}, \tilde{X}_{5(58)}$ を求め，その最大値に対応する肥料を選択すれば，(1.2) が満たされる．

分散不均一法は二段階推測法と異なり，必ず第二段階に進むことになる．さらに，その選択方法は二段階推測法に比べて複雑である．しかし，例題 1.3 と例題 1.4 の標本数を肥料ごとに比較すると，分散不均一法を適用する方の標本数が少ない．一般に，次のことが成り立つ．

定理 1.4

(1.10) と（1.13）の標本数を比較すると

$$N_i + 1 \geq \tilde{N}_i, \quad i = 1, \ldots, k$$

が成立する．

1.2　標準値がある場合

$k(\geq 2)$ 個の母集団 $\Pi_1, \ldots, \Pi_k$ の母平均の中で，標準値 μ_0（既知）以上の母平均を持つ母集団があるときに限り最良母集団を選びたい．この場合，ある選択が正しい選択 (CS) であるとは，$\mu_{[k]} \leq \mu_0$ のときは，どの母集団も選択せず，$\mu_{[k]} > \mu_0$ のときは，$\mu_{[k]}$ を母平均に持つ母集団を選択する場合である．この確率 $P(\mathrm{CS})$ を制御する．すなわち，与えられた $P_0^*(2^{-k} < P_0^* < 1), P_1^*((1-2^{-k})/k < P_1^* < 1)$ に対して

$$\begin{cases} P(\mathrm{CS}) \geq P_0^* & (\mu_{[k]} \leq \mu_0) \\ P(\mathrm{CS}) \geq P_1^* & (\mu_{[k]} > \mu_0) \end{cases} \tag{1.16}$$

を満たす選択方法を構成する．ここで，$P_0^* > 2^{-k}, P_1^* > (1-2^{-k})/k$ は必要である．なぜなら，コインを k 回投げ，全て裏ならばどの母集団も選択しない，表が1回でもでると無作為に k 個の母集団から1個を選択する場合，$\mu_{[k]} \leq \mu_0$ のときは $P(\mathrm{CS}) = 2^{-k}$ であり，$\mu_{[k]} > \mu_0$ のときは $P(\mathrm{CS}) = (1-2^{-k})/k$ であるからである．

1.2.1　等分散の場合

母集団 Π_i の母集団分布は正規分布 $N(\mu_i, \sigma^2), i = 1, \ldots, k$ とする．母集団 Π_i からの大きさ n の標本の標本平均を $\bar{X}_{i(n)}, i = 1, \ldots, k$ とし，それらを大きさの順に並べ替えた値を $\bar{X}_{[1]} \leq \cdots \leq \bar{X}_{[k]}$ とする．このとき，$\bar{X}_{[k]} \leq \mu_0 + c$ ならば，どの母集団も選択せず，$\bar{X}_{[k]} > \mu_0 + c$ ならば，$\bar{X}_{[k]}$ に対応する母集団を選択する．ただし，c は定数である．この選択方法の $P(\mathrm{CS})$ を求めよう．

$\mu_{[i]}$ を母平均に持つ母集団からの標本平均を $\bar{X}_{(i)}$ とし，$Z_i = \sqrt{n}(\bar{X}_{(i)} - \mu_{[i]})/\sigma, i = 1, \ldots, k$ とおく．$\mu_{[k]} \leq \mu_0$ のときは

$$\begin{aligned}P(\mathrm{CS}) &= P(\bar{X}_{(i)} \le \mu_0 + c, i = 1, \ldots, k) \\ &= P\left(Z_i \le \frac{\sqrt{n}(\mu_0 + c - \mu_{[i]})}{\sigma}, i = 1, \ldots, k\right) \\ &= \prod_{i=1}^{k} \Phi\left(\frac{\sqrt{n}(\mu_0 + c - \mu_{[i]})}{\sigma}\right) \end{aligned} \tag{1.17}$$

である．$\mu_{[k]} > \mu_0$ のときは

$$\begin{aligned}P(\mathrm{CS}) &= P(\bar{X}_{(k)} > \bar{X}_{(i)}, i = 1, \ldots, k-1, \bar{X}_{(k)} > \mu_0 + c) \\ &= P\Bigg(Z_k + \frac{\sqrt{n}(\mu_{[k]} - \mu_{[i]})}{\sigma} > Z_i, i = 1, \ldots, k-1, \\ &\qquad\qquad Z_k > \frac{\sqrt{n}(\mu_0 + c - \mu_{[k]})}{\sigma}\Bigg) \\ &= \int_a^\infty \left\{\prod_{i=1}^{k-1} \Phi\left(x + \frac{\sqrt{n}(\mu_{[k]} - \mu_{[i]})}{\sigma}\right)\right\} \phi(x)dx \end{aligned} \tag{1.18}$$

である．ここで，$a = \sqrt{n}(\mu_0 + c - \mu_{[k]})/\sigma$ である．

$$f_0(c) = \Phi^k\left(\frac{\sqrt{n}c}{\sigma}\right), \quad f_1(c) = \int_{\sqrt{n}c/\sigma}^\infty \Phi^{k-1}(x)\phi(x)dx$$

とおくと，$\mu_{[k]} \le \mu_0$ のときは，(1.17) より，$P(\mathrm{CS}) \ge f_0(c)$ であり，$\mu_{[k]} > \mu_0$ のときは，(1.18) より，$P(\mathrm{CS}) \ge f_1(c)$ である．等号は，いずれの場合も $\mu_1 = \cdots = \mu_k = \mu_0$ のとき成立する．$f_0(c)$ は単調増加関数，$f_1(c)$ は単調減少関数であり，$f_0(0) = 2^{-k}, f_1(0) = (1 - 2^{-k})/k$ である．このことから，P_0^*, P_1^* が，$2^{-k} < P_0^* < 1, (1 - 2^{-k})/k < P_1^* < 1$ である限り，条件 (1.16) を満たすように定数 c を定めることはできない．そこで，$\mu_{[k]} > \mu_0$ のときに IZ 方式を適用する．すなわち，$P_0^*(2^{-k} < P_0^* < 1), P_1^*((1 - 2^{-k})/k < P_1^* < 1)$ と $\delta^*(> 0)$ を与え

$$\begin{cases} P(\mathrm{CS}) \ge P_0^* & (\mu_{[k]} \le \mu_0) \\ P(\mathrm{CS}) \ge P_1^* & (\mu_{[k]} \ge \max(\mu_{[k-1]}, \mu_0) + \delta^*) \end{cases} \tag{1.19}$$

を満たすように標本数 n と定数 c を定める．

母分散 σ^2 の値は既知とする．$\mu_{[k]} \le \mu_0$ のときは $P(\mathrm{CS}) \ge f_0(c)$ であ

る．$\mu_{[k]} \geq \max(\mu_{[k-1]}, \mu_0) + \delta^*$ のときは (1.18) より

$$P(\mathrm{CS}) \geq \int_a^\infty \Phi^{k-1}\left(x + \frac{\sqrt{n}\delta^*}{\sigma}\right)\phi(x)dx$$

であり，等号は，$\mu_0 = \mu_{[1]} = \cdots = \mu_{[k-1]} = \mu_{[k]} - \delta^*$ (LFC) のとき成立する．ここで，$a = \sqrt{n}(c - \delta^*)/\sigma$ である．方程式

$$\Phi^k(h) = P_0^*, \quad \int_{h-g}^\infty \Phi^{k-1}(x+g)\phi(x)dx = P_1^* \tag{1.20}$$

の解を g, h とすると，n, c が不等式

$$\frac{\sqrt{n}c}{\sigma} \geq h, \quad \frac{\sqrt{n}\delta^*}{\sigma} \geq g, \quad \frac{\sqrt{n}(c - \delta^*)}{\sigma} \leq h - g \tag{1.21}$$

を満たせば (1.19) は満たされる．$P_1^* > 1/2$ ならば

$$n = \left[\frac{g^2\sigma^2}{\delta^{*2}}\right] + 1, \quad c = \frac{h\delta^*}{g} \tag{1.22}$$

は不等式 (1.21) を満たす（演習問題 1.9）．したがって，(1.19) が満たされる．表 1.4 で $m = \infty$ のときの g_E, h_E の値が，$k = 2, 3, \ldots, 10, P_0^* = 0.95, P_1^* = 0.90$ のとき，方程式 (1.20) の解 g, h の値である．

【例題 1.5】 小麦の新品種 A, B, C, D の中で，単位面積当たりの収量の母平均が 20 kg を超える品種があれば，その中で最良の品種を選択したい．ただし，$\delta^* = 2.0, P_0^* = 0.95, P_1^* = 0.90$ とする．また，母分散の値は既知で，その値を $\sigma^2 = 4.6$ とする．

表 1.4 より，$g = 3.535, h = 2.234$ であるので，(1.22) より

$$n = \left[\frac{3.535^2 \times 4.6}{2.0^2}\right] + 1 = 15, \quad c = \frac{2.234 \times 2.0}{3.535} = 1.26$$

となる．ゆえに，各品種で 15 回実験を行い，$\bar{X}_{[4]} \leq 20 + 1.26 = 21.26$ ならば，どの品種も選択しない．$\bar{X}_{[4]} > 21.26$ ならば，$\bar{X}_{[4]}$ を標本平均に持つ品種を選択する．このとき，(1.19) が満たされる．例えば，各品種での 15 回の実験の標本平均が下記の通りとする．

表 1.4 g_E（上段），h_E（下段）$(P_0^* = 0.95, P_1^* = 0.90)$

$m\backslash k$	2	3	4	5	6	7	8	9	10
10	3.440	3.566	3.655	3.723	3.779	3.826	3.867	3.902	3.934
	2.091	2.231	2.327	2.400	2.459	2.508	2.551	2.588	2.621
12	3.404	3.539	3.633	3.704	3.763	3.811	3.853	3.890	3.922
	2.065	2.210	2.310	2.385	2.446	2.496	2.540	2.578	2.611
14	3.379	3.520	3.617	3.691	3.751	3.801	3.843	3.880	3.915
	2.047	2.196	2.298	2.375	2.437	2.488	2.532	2.570	2.605
16	3.361	3.507	3.606	3.681	3.743	3.793	3.836	3.874	3.909
	2.034	2.186	2.289	2.367	2.430	2.482	2.526	2.565	2.600
18	3.348	3.496	3.598	3.675	3.736	3.787	3.831	3.869	3.904
	2.025	2.178	2.283	2.362	2.425	2.477	2.522	2.561	2.596
20	3.337	3.488	3.591	3.669	3.731	3.782	3.827	3.866	3.900
	2.017	2.172	2.278	2.357	2.421	2.473	2.519	2.558	2.593
∞	3.250	3.420	3.535	3.620	3.688	3.744	3.792	3.833	3.870
	1.955	2.121	2.234	2.319	2.386	2.442	2.490	2.531	2.568

A	B	C	D
17.5	19.2	18.3	16.5

この場合は，どの品種も選択しない．また，その標本平均が下記の通りとする．

A	B	C	D
21.3	18.2	22.4	19.6

この場合は，品種 C を選択する．

注意 1.2
CS 方式を採用すると，(1.22) の標本数と定数 c を用いて構成される選択方法は，$\mu_{[k]} \geq \mu_0 + \delta^*$ ならば

$$P(\mu_S \geq \mu_0) \geq P_1^*$$

を満たす．ここで，μ_S は選択された母集団の母平均を表す．例題 1.5 の後のデータの場合，品種 C の母平均は，$\mu_{[4]} \geq 20 + 2.0 = 22.0$ のときは，標準値 20 kg 以上といえる（信頼度 90%）．

次に，母分散 σ^2 の値は未知とする．二段階推測法を用いて (1.19) を満たす標本数と定数 c を定める．第一段階の初期標本数を $m(\geq 2)$ とする．$X_{i1}, \ldots, X_{im}$ を母集団 Π_i からの大きさ m の初期標本とし，その標本分散 $S_i^2, i = 1, \ldots, k$ を求め，母分散 σ^2 を

$$\hat{\sigma}^2 = \frac{1}{k} \sum_{i=1}^{k} S_i^2$$

で推定する．各母集団からの全標本数 N は (1.22) で定義される標本数を推定する形で決定される．すなわち

$$N = \max \left\{ m, \left[\frac{g_E^2 \hat{\sigma}^2}{\delta^{*2}} \right] + 1 \right\} \tag{1.23}$$

である．また，定数 c は

$$c = \frac{h_E \delta^*}{g_E} \tag{1.24}$$

である．ただし，g_E, h_E は次の方程式の解である．

$$\int_0^\infty \Phi^k \left(h_E \sqrt{\frac{x}{\nu}} \right) f_\nu(x) dx = P_0^*$$

$$\int_0^\infty \left\{ \int_{(h_E - g_E)\sqrt{y/\nu}}^\infty \Phi^{k-1} \left(x + g_E \sqrt{\frac{y}{\nu}} \right) \phi(x) dx \right\} f_\nu(y) dy = P_1^* \tag{1.25}$$

ここで，$\nu = k(m-1)$ である．$N > m$ ならば，第二段階に進み，母集団 Π_i からその差 $N - m$ 個の標本 $X_{im+1}, \ldots, X_{iN}$ を抽出する．第一段階と第二段階を合わせた標本の標本平均を $\bar{X}_{i(N)}, i = 1, \ldots, k$ とし，その最大値を $\bar{X}_{[k]}$ とする．$\bar{X}_{[k]} \leq \mu_0 + c$ のときは，どの母集団も選択せず，$\bar{X}_{[k]} > \mu_0 + c$ のときは，$\bar{X}_{[k]}$ に対応する母集団を選択する．このとき次のことが成り立つ．

定理 1.5

$P_1^* > 1/2$ とする．標本数を (1.23)，定数 c を (1.24) で定めると，標本平均を用いた選択方法は (1.19) を満たす．

表 1.4 は，$k = 2, 3, \ldots, 10, m = 10, 12, \ldots, 20, P_0^* = 0.95, P_1^* = 0.90$ のとき，方程式 (1.25) の解 g_E, h_E の値である．$m = \infty$ の値は，方程式 (1.20) の解 g, h の値である．(1.25) より

$$\lim_{m\to\infty} g_E = g, \quad \lim_{m\to\infty} h_E = h$$

が示される．

【例題 1.6】 例題 1.5 を取り上げる．ただし，母分散は共通であるが未知とする．初期標本数 $m = 10$ とし，各品種で 10 回実験を行い，そのときの標本分散を

A	B	C	D
6.8	7.4	5.2	4.8

とする．このとき

$$\hat{\sigma}^2 = \frac{6.8 + 7.4 + 5.2 + 4.8}{4} = 6.05$$

であり，表 1.4 より $g_E = 3.655, h_E = 2.327$ であるので，全標本数は (1.23) より

$$N = \max\left\{10, \left[\frac{3.655^2 \times 6.05}{2.0^2}\right] + 1\right\} = 21$$

となる．したがって，各品種で $N - m = 21 - 10 = 11$ 回の追加実験が必要である．(1.24) より

$$c = \frac{2.327 \times 2.0}{3.655} = 1.27$$

であるので，$\bar{X}_{[4]} = \max\{\bar{X}_{1(21)}, \bar{X}_{2(21)}, \bar{X}_{3(21)}, \bar{X}_{4(21)}\}$ を求め，$\bar{X}_{[4]} \leq 20 + 1.27 = 21.27$ ならば，どの品種も選択しない．$\bar{X}_{[4]} > 21.27$ ならば，

$\bar{X}_{[4]}$ に対応する品種を選択する．このとき (1.19) が満たされる．

1.2.2 母分散が一般の場合

母集団 Π_i の母集団分布は正規分布 $N(\mu_i, \sigma_i^2), i = 1, \ldots, k$ とする．まず，母分散 σ_i^2 の値は既知とする．分散不均一法を用いる．定数 g, h を方程式 (1.20) の解とする．母集団 Π_i からの標本数 n_i を

$$n_i = \max\left\{2, \left[\frac{\sigma_i^2}{z}\right] + 1\right\} \tag{1.26}$$

とする．ただし，$z = \delta^{*2}/g^2$ である．母集団 Π_i からの n_i 個の標本 $X_{i1}, \ldots, X_{in_i}$ に対して

$$\tilde{X}_i = a_i \sum_{j=1}^{n_i-1} X_{ij} + b_i X_{in_i} \tag{1.27}$$

とする．ここで

$$a_i = \frac{1}{n_i}\left(1 + \sqrt{\frac{1}{n_i - 1}\left(n_i \frac{z}{\sigma_i^2} - 1\right)}\right), \quad b_i = 1 - (n_i - 1)a_i$$

である．$\tilde{X}_{[k]} = \max\{\tilde{X}_1, \ldots, \tilde{X}_k\}$ とし，$\tilde{X}_{[k]} \le \mu_0 + c$ ならば，どの母集団も選択せず，$\tilde{X}_{[k]} > \mu_0 + c$ ならば，$\tilde{X}_{[k]}$ に対応する母集団を選択する．ただし，$c = h\delta^*/g$ である．この選択方法は (1.19) を満たす（演習問題 1.10）．

母分散 σ_i^2 の値が未知である場合，二段階推測法を用いる方法と分散不均一法を用いる方法がある．最初に二段階推測法を用いる方法について解説する．

母集団 Π_i からの大きさ $m(\ge 2)$ の初期標本から求められる標本分散を $S_i^2, i = 1, \ldots, k$ とし，次の方程式の解を g_R, h_R とする．

$$\Psi_\nu^k(h_R) = P_0^*,$$

$$\int_0^\infty \left\{ \int_0^\infty \Phi\left(\frac{g_R}{\sqrt{\nu(1/x+1/y)}} \right) f_\nu(x)dx \right\}^{k-1} \times \Phi\left((g_R - h_R)\sqrt{\frac{y}{\nu}} \right) f_\nu(y)dy = P_1^* \quad (1.28)$$

ここで，$\nu = m-1$ である．母集団 Π_i からの全標本数 N_i を

$$N_i = \max\left\{ m, \left[\frac{g_R^2 S_i^2}{\delta^{*2}} \right] + 1 \right\}, \quad i = 1, \ldots, k \quad (1.29)$$

とする．$N_i > m$ ならば，第二段階に進み，その差 $N_i - m$ 個の標本を母集団 Π_i から抽出する．第一段階と第二段階を合わせた標本の標本平均を $\bar{X}_{i(N_i)}, i = 1, \ldots, k$ とし，その最大値を $\bar{X}_{[k]}$ とする．$c = h_R\delta^*/g_R$ とし，$\bar{X}_{[k]} \le \mu_0 + c$ のときは，どの母集団も選択せず，$\bar{X}_{[k]} > \mu_0 + c$ のときは，$\bar{X}_{[k]}$ に対応する母集団を選択する．このとき次のことが成り立つ．

定理 1.6

$P_1^* > 1/2$ とする．標本数を (1.29)，定数 c を $c = h_R\delta^*/g_R$ とすると，標本平均を用いた選択方法は (1.19) を満たす．

表 1.5 は，$k = 2, 3, \ldots, 10, m = 10, 12, \ldots, 20, P_0^* = 0.95, P_1^* = 0.90$ のとき，方程式 (1.28) の解 g_R, h_R の値である．$m = \infty$ の値は，方程式

$$\Phi^k(h) = P_0^*, \quad \Phi^{k-1}\left(\frac{g}{\sqrt{2}} \right) \Phi(g-h) = P_1^* \quad (1.30)$$

の解 g, h である．(1.28) より

$$\lim_{m\to\infty} g_R = g, \lim_{m\to\infty} h_R = h$$

が示される．

【例題 1.7】 例題 1.5 を取り上げる．ただし，母分散は未知で等しいとは限らないとする．初期標本数は $m = 10$ とし，初期標本の標本分散は例題 1.6 の値を用いる．

表 1.5　g_R（上段），h_R（下段）$(P_0^* = 0.95, P_1^* = 0.90)$

$m \backslash k$	2	3	4	5	6	7	8	9	10
10	3.715	3.992	4.184	4.332	4.452	4.554	4.642	4.720	4.789
	2.254	2.499	2.673	2.809	2.920	3.015	3.097	3.170	3.235
12	3.630	3.887	4.064	4.201	4.311	4.403	4.483	4.553	4.616
	2.194	2.422	2.582	2.707	2.808	2.894	2.968	3.034	3.093
14	3.573	3.818	3.986	4.114	4.218	4.305	4.379	4.445	4.503
	2.153	2.370	2.523	2.642	2.735	2.815	2.885	2.946	3.000
16	3.532	3.769	3.930	4.053	4.152	4.235	4.306	4.369	4.424
	2.125	2.334	2.480	2.592	2.683	2.760	2.826	2.884	2.935
18	3.502	3.732	3.889	4.008	4.103	4.183	4.252	4.312	4.366
	2.103	2.307	2.449	2.557	2.645	2.718	2.782	2.838	2.887
20	3.478	3.703	3.856	3.973	4.066	4.144	4.210	4.269	4.321
	2.087	2.286	2.424	2.530	2.615	2.687	2.748	2.802	2.850
∞	3.290	3.479	3.605	3.699	3.774	3.836	3.889	3.935	3.975
	1.955	2.121	2.234	2.319	2.386	2.442	2.490	2.531	2.568

表 1.5 より $g_R = 4.184, h_R = 2.673$ であるので，(1.29) より

$$N_1 = \max\left\{10, \left[\frac{4.184^2 \times 6.8}{2.0^2}\right] + 1\right\} = 30,$$

$$N_2 = \max\left\{10, \left[\frac{4.184^2 \times 7.4}{2.0^2}\right] + 1\right\} = 33,$$

$$N_3 = \max\left\{10, \left[\frac{4.184^2 \times 5.2}{2.0^2}\right] + 1\right\} = 23,$$

$$N_4 = \max\left\{10, \left[\frac{4.184^2 \times 4.8}{2.0^2}\right] + 1\right\} = 22$$

である．したがって，品種 A で $N_1 - m = 30 - 10 = 20$ 回，品種 B で $N_2 - m = 33 - 10 = 23$ 回，品種 C で $N_3 - m = 23 - 10 = 13$ 回，品種 D で $N_4 - m = 22 - 10 = 12$ 回の追加実験が必要である．

$$c = \frac{2.673 \times 2.0}{4.184} = 1.28$$

であるので，$\bar{X}_{[4]} = \max\{\bar{X}_{1(30)}, \bar{X}_{2(33)}, \bar{X}_{3(23)}, \bar{X}_{4(22)}\}$ を求め，$\bar{X}_{[4]} \leq 20 + 1.28 = 21.28$ ならば，どの品種も選択しない．$\bar{X}_{[4]} > 21.28$ ならば，

$\bar{X}_{[4]}$ に対応する品種を選択する．このとき (1.9) が満たされる．

次に，分散不均一法を用いた選択方法について解説する．初期標本数を $m(\geq 2)$ とし，母集団 Π_i からの大きさ m の初期標本の標本平均，標本分散を $\bar{X}_{i(m)}, S_i^2, i = 1, \ldots, k$ とする．また，次の方程式の解を g_D, h_D とする．

$$\Psi_\nu^k(h_D) = P_0^*, \quad \int_{h_D - g_D}^{\infty} \Psi_\nu^{k-1}(x + g_D)\psi_\nu(x)dx = P_1^* \tag{1.31}$$

ここで，$\nu = m - 1$ である．母集団 Π_i からの全標本数 $\tilde{N}_i$ を

$$\tilde{N}_i = \max\left\{m + 1, \left[\frac{S_i^2}{z}\right] + 1\right\}, \quad i = 1, \ldots, k \tag{1.32}$$

とする．ここで，$z = \delta^{*2}/g_D^2$ である．母集団 Π_i から $\tilde{N}_i - m$ 個の追加標本の標本平均を $\hat{\bar{X}}_{i(\tilde{N}_i - m)}$ とし

$$\tilde{X}_{i(\tilde{N}_i)} = (1 - b_i)\bar{X}_{i(m)} + b_i\hat{\bar{X}}_{i(\tilde{N}_i - m)}, \quad i = 1, \ldots, k \tag{1.33}$$

とする．ただし

$$b_i = \frac{\tilde{N}_i - m}{\tilde{N}_i}\left(1 + \sqrt{\frac{m(\tilde{N}_i z - S_i^2)}{(\tilde{N}_i - m)S_i^2}}\right), \quad i = 1, \ldots, k$$

である．$\tilde{X}_{i(\tilde{N}_i)}, i = 1, \ldots, k$ の最大値を $\tilde{X}_{[k]}, c = h_D\delta^*/g_D$ とする．$\tilde{X}_{[k]} \leq \mu_0 + c$ のときは，どの母集団も選択せず，$\tilde{X}_{[k]} > \mu_0 + c$ のときは，$\tilde{X}_{[k]}$ に対応する母集団を選択する．このとき次のことが成り立つ．

定理 1.7

標本数を (1.32)，定数 c を $c = h_D\delta^*/g_D$，推定量として (1.33) を用いた選択方法は (1.19) を満たす．

表 1.6 は，$k = 2, 3, \ldots, 10, m = 10, 12, \ldots, 20, P_0^* = 0.95, P_1^* = 0.90$ のとき，方程式 (1.31) の解 g_D, h_D の値である．$m = \infty$ の値は，方程式 (1.20) の解 g, h の値である．(1.31) より

表 1.6 g_D（上段），h_D（下段）$(P_0^* = 0.95, P_1^* = 0.90)$

$m\backslash k$	2	3	4	5	6	7	8	9	10
10	3.664	3.918	4.097	4.236	4.350	4.446	4.529	4.603	4.670
	2.254	2.499	2.673	2.809	2.920	3.015	3.097	3.170	3.235
12	3.581	3.817	3.981	4.108	4.211	4.298	4.374	4.440	4.500
	2.194	2.422	2.582	2.707	2.808	2.894	2.968	3.034	3.093
14	3.526	3.750	3.905	4.024	4.121	4.202	4.272	4.334	4.389
	2.153	2.370	2.523	2.642	2.735	2.815	2.885	2.946	3.000
16	3.486	3.702	3.851	3.965	4.057	4.134	4.201	4.259	4.312
	2.125	2.334	2.480	2.592	2.683	2.760	2.826	2.884	2.935
18	3.456	3.666	3.811	3.921	4.009	4.084	4.148	4.204	4.254
	2.103	2.307	2.449	2.557	2.645	2.718	2.782	2.838	2.887
20	3.433	3.639	3.779	3.886	3.973	4.045	4.107	4.161	4.210
	2.087	2.286	2.424	2.530	2.615	2.687	2.748	2.802	2.850
∞	3.250	3.420	3.535	3.620	3.688	3.744	3.792	3.833	3.870
	1.955	2.121	2.234	2.319	2.386	2.442	2.490	2.531	2.568

$$\lim_{m\to\infty} g_D = g,\ \lim_{m\to\infty} h_D = h$$

が示される．

【例題 1.8】 例題 1.5 を取り上げる．ただし，母分散は未知で等しいとは限らないとし，分散不均一法を適用する．初期標本数 $m = 10$ とし，初期標本の標本分散は，例題 1.6 の値を用いる．

表 1.6 より $g_D = 4.097, h_D = 2.673$ であるので，(1.32) より

$$\tilde{N}_1 = \max\left\{10+1,\ \left[\frac{4.097^2 \times 6.8}{2.0^2}\right]+1\right\} = 29,$$

$$\tilde{N}_2 = \max\left\{10+1,\ \left[\frac{4.097^2 \times 7.4}{2.0^2}\right]+1\right\} = 32,$$

$$\tilde{N}_3 = \max\left\{10+1,\ \left[\frac{4.097^2 \times 5.2}{2.0^2}\right]+1\right\} = 22,$$

$$\tilde{N}_4 = \max\left\{10+1,\ \left[\frac{4.097^2 \times 4.8}{2.0^2}\right]+1\right\} = 21$$

である．したがって，品種 A で $\tilde{N}_1 - m = 29 - 10 = 19$ 回，品種 B で $\tilde{N}_2 - m = 32 - 10 = 22$ 回，品種 C で $\tilde{N}_3 - m = 22 - 10 = 12$ 回，品種 D で $\tilde{N}_4 - m = 21 - 10 = 11$ 回の追加実験が必要である．

$$c = \frac{2.673 \times 2.0}{4.097} = 1.30$$

であるので，$\tilde{X}_{[4]} = \max\{\tilde{X}_{1(29)}, \tilde{X}_{2(32)}, \tilde{X}_{3(22)}, \tilde{X}_{4(21)}\}$ を求め，$\tilde{X}_{[4]} \leq 20 + 1.30 = 21.30$ ならば，どの品種も選択しない．$\tilde{X}_{[4]} > 21.30$ ならば，$\tilde{X}_{[4]}$ に対応する品種を選択する．このとき (1.9) が満たされる．

分散不均一法は二段階推測法よりも複雑であるが，例題 1.7 と例題 1.8 の標本数を品種ごとに比較すると，分散不均一法を適用する方の標本数が少ない．一般に，次のことが成り立つ．

定理 1.8

(1.29) と（1.32）の標本数を比較すると

$$N_i + 1 \geq \tilde{N}_i, \quad i = 1, \ldots, k$$

が成立する．

1.3　対照母集団がある場合

Π_0 を対照母集団とし，その母平均を μ_0（未知）とする．$k(\geq 2)$ 個の母集団 $\Pi_1, \ldots, \Pi_k$ の最良母集団の母平均が，対照母集団の母平均 μ_0 以上であるときは，その最良母集団を選びたい．このとき，ある選択が正しい選択 (CS) であるとは，$\mu_{[k]} \leq \mu_0$ のときは，どの母集団も選択せず，$\mu_{[k]} > \mu_0$ のときは，$\mu_{[k]}$ を母平均に持つ母集団を選択する場合である．この確率 $P(\mathrm{CS})$ を制御する．すなわち，与えられた $P_0^*(2^{-k} < P_0^* < 1)$，$P_1^*((1 - 2^{-k})/k < P_1^* < 1)$ に対して

$$\begin{cases} P(\mathrm{CS}) \geq P_0^* & (\mu_{[k]} \leq \mu_0) \\ P(\mathrm{CS}) \geq P_1^* & (\mu_{[k]} > \mu_0) \end{cases} \tag{1.34}$$

を満たす選択方法を構成する.

1.3.1 等分散の場合

母集団 $\Pi_0, \Pi_1, \ldots, \Pi_k$ の母集団分布は正規分布 $N(\mu_i, \sigma^2), i = 0, 1, \ldots, k$ とし, 母集団 Π_i からの大きさ n の標本の標本平均を $\bar{X}_{i(n)}, i = 0, 1, \ldots, k$ とする. $\bar{X}_{i(n)}, i = 1, \ldots, k$ の最大値を $\bar{X}_{[k]}$ とし, $\bar{X}_{[k]} \leq \bar{X}_{0(n)} + c$ のときは, どの母集団も選択せず, $\bar{X}_{[k]} > \bar{X}_{0(n)} + c$ のときは, $\bar{X}_{[k]}$ に対応する母集団を選択する. ただし, c は定数である. この選択方法の $P(\mathrm{CS})$ を求めよう.

母分散 σ^2 の値は既知とする. $\mu_{[k]} \leq \mu_0$ のときは

$$\begin{aligned} P(\mathrm{CS}) &= P(\bar{X}_{i(n)} \leq \bar{X}_{0(n)} + c, i = 1, \ldots, k) \\ &= P\biggl(\frac{\sqrt{n}(\bar{X}_{i(n)} - \mu_i)}{\sigma} \leq \frac{\sqrt{n}(\bar{X}_{0(n)} - \mu_0)}{\sigma} + \frac{\sqrt{n}(\mu_0 + c - \mu_i)}{\sigma}, \\ &\qquad\qquad i = 1, \ldots, k\biggr) \\ &= \int_{-\infty}^{\infty} \left\{ \prod_{i=1}^{k} \Phi\left(y + \frac{\sqrt{n}(\mu_0 + c - \mu_i)}{\sigma}\right) \right\} \phi(y) dy \end{aligned} \tag{1.35}$$

である. $\mu_{[k]} > \mu_0$ のときは, $\mu_{[i]}$ を母平均に持つ母集団からの標本平均を $\bar{X}_{(i)}, i = 1, \ldots, k$ とし, $Z_i = \sqrt{n}(\bar{X}_{(i)} - \mu_{[i]})/\sigma, i = 1, \ldots, k, Z_0 = \sqrt{n}(\bar{X}_0(n) - \mu_0)/\sigma$ とすると

$$\begin{aligned} P(\mathrm{CS}) &= P(\bar{X}_{(i)} \leq \bar{X}_{(k)}, i = 1, \ldots, k-1, \bar{X}_{(k)} > \bar{X}_{0(n)} + c) \\ &= P\biggl(Z_i \leq Z_k + \frac{\sqrt{n}(\mu_{[k]} - \mu_{[i]})}{\sigma}, i = 1, \ldots, k-1, \\ &\qquad\qquad Z_0 < Z_k + \frac{\sqrt{n}(\mu_{[k]} - \mu_0 - c)}{\sigma}\biggr) \end{aligned}$$

$$= \int_{-\infty}^{\infty} \left\{ \prod_{i=1}^{k-1} \Phi\left(x + \frac{\sqrt{n}(\mu_{[k]} - \mu_{[i]})}{\sigma} \right) \right\}$$
$$\times \Phi\left(x + \frac{\sqrt{n}(\mu_{[k]} - \mu_0 - c)}{\sigma} \right) \phi(x) dx \quad (1.36)$$

である．したがって，$\mu_{[k]} \leq \mu_0$ のときは (1.35) より

$$P(\mathrm{CS}) \geq \int_{-\infty}^{\infty} \Phi^k \left(x + \frac{\sqrt{n}c}{\sigma} \right) \phi(x) dx = f_0(c)$$

であり，$\mu_{[k]} > \mu_0$ のときは (1.36) より

$$P(\mathrm{CS}) \geq \int_{-\infty}^{\infty} \Phi^{k-1}(x) \Phi \left(x - \frac{\sqrt{n}c}{\sigma} \right) \phi(x) dx = f_1(c)$$

である．等号は，いずれの場合も $\mu_1 = \cdots = \mu_k = \mu_0$ のとき成立する．$f_0(c)$ は単調増加関数，$f_1(c)$ は単調減少関数である．$f_0(0) = f_1(0) = 1/(k+1)$ であるので，与えられた P_0^*, P_1^* に対して (1.34) を満たす定数 c を定めることはできない．そこで，$\mu_{[k]} > \mu_0$ に対して IZ 方式を適用する．すなわち，$P_0^*(2^{-k} < P_0^* < 1), P_1^*((1-2^{-k})/k < P_1^* < 1)$ と $\delta^*(>0)$ を与え

$$\begin{cases} P(\mathrm{CS}) \geq P_0^* & (\mu_{[k]} \leq \mu_0) \\ P(\mathrm{CS}) \geq P_1^* & (\mu_{[k]} \geq \max(\mu_{[k-1]}, \mu_0) + \delta^*) \end{cases} \quad (1.37)$$

を満たす標本数 n と定数 c を定める．

$\mu_{[k]} \leq \mu_0$ のとき $P(\mathrm{CS}) \geq f_0(c), \mu_{[k]} \geq \max(\mu_{[k-1]}, \mu_0) + \delta^*$ のときは (1.36) より

$$P(\mathrm{CS}) \geq \int_{-\infty}^{\infty} \Phi^{k-1} \left(x + \frac{\sqrt{n}\delta^*}{\sigma} \right) \Phi \left(x + \frac{\sqrt{n}(\delta^* - c)}{\sigma} \right) \phi(x) dx$$

等号は，$\mu_0 = \mu_{[1]} = \cdots = \mu_{[k-1]} = \mu_{[k]} - \delta^*(\mathrm{LFC})$ のとき成立する．方程式

$$\int_{-\infty}^{\infty} \Phi^k(x+h) \phi(x) dx = P_0^*,$$
$$\int_{-\infty}^{\infty} \Phi^{k-1}(x+g) \Phi(x+g-h) \phi(x) dx = P_1^* \quad (1.38)$$

表 1.7 g_B（上段），h_B（下段）$(P_0^* = 0.95, P_1^* = 0.90)$

$m \backslash k$	2	3	4	5	6	7	8	9	10
10	4.687 2.825	4.867 3.017	4.986 3.143	5.076 3.238	5.148 3.313	5.207 3.375	5.258 2.428	5.303 3.474	5.342 3.515
12	4.657 2.804	4.842 2.998	4.965 3.127	5.057 3.223	5.131 3.300	5.192 3.363	5.244 3.417	5.290 3.464	5.330 3.505
14	4.636 2.789	3.824 2.985	4.950 3.116	5.044 3.213	5.120 3.291	5.182 3.355	5.234 3.409	5.281 3.457	5.322 3.499
16	4.621 2.778	4.812 2.976	4.940 3.108	5.035 3.206	5.111 3.284	5.174 3.349	5.228 3.404	5.275 3.452	5.316 3.494
18	4.609 2.770	4.802 2.969	4.932 3.102	5.028 3.201	5.104 3.279	5.168 3.344	5.223 3.400	5.270 3.448	5.311 3.490
20	4.601 2.764	4.794 2.963	4.925 3.097	5.022 3.196	5.099 3.275	5.164 3.341	5.218 3.396	5.266 3.445	5.307 3.487
∞	4.526 2.711	4.732 2.917	4.871 3.056	4.975 3.160	5.057 3.242	5.124 3.310	5.182 3.368	5.233 3.419	4.277 3.463

の解を g, h とすると，n, c が不等式

$$\frac{\sqrt{n}c}{\sigma} \geq h, \quad \frac{\sqrt{n}\delta^*}{\sigma} \geq g, \quad \frac{\sqrt{n}(\delta^* - c)}{\sigma} \geq g - h \tag{1.39}$$

を満たせば (1.37) が満たされる．$P_1^* > 1/2$ ならば

$$n = \left[\frac{g^2\sigma^2}{\delta^{*2}}\right] + 1, \quad c = \frac{h\delta^*}{g} \tag{1.40}$$

は不等式 (1.39) を満たす（演習問題 1.11）．したがって，(1.37) を満たす．表 1.7 で $m = \infty$ のときの g_B, h_B の値が，$k = 2, 3, \ldots, 10, P_0^* = 0.95, P_1^* = 0.90$ のとき，方程式 (1.38) の解 g, h の値である．

【例題 1.9】 製品の強度を高めるために開発した触媒 $\mathrm{A}_1, \mathrm{A}_2, \mathrm{A}_3, \mathrm{A}_4$ の中で，従来の触媒 A_0 より製品の強度を高めるのがあれば，それを選びたい．ただし，$\delta^* = 1.2, P_0^* = 0.95, P_1^* = 0.90$ とする．また，母分散の値は既知で，$\sigma^2 = 2.0$ とする．

表 1.7 より，$g = 4.871, h = 3.056$ であるので，(1.40) より

$$n = \left[\frac{4.871^2 \times 2.0}{1.2^2}\right] + 1 = 33, \quad c = \frac{3.056 \times 1.2}{4.871} = 0.75$$

である．したがって，各触媒を用いて 33 個の製品をつくり，強度の標本平均を求め，$\bar{X}_{[4]} \le \bar{X}_{0(33)} + 0.75$ ならば，どの触媒も選択しない．$\bar{X}_{[4]} > \bar{X}_{0(33)} + 0.75$ ならば，$\bar{X}_{[4]}$ に対応する触媒を選択する．このとき，(1.37) が満たされる．例えば，各触媒を用いたときの標本平均が下記の通りとする．

A_0	A_1	A_2	A_3	A_4
22.2	18.5	31.3	21.8	19.0

$\bar{X}_{0(33)} + 0.75 = 22.2 + 0.75 = 22.95$ であるので，触媒 A_2 が採用される．

注意 1.3
CS 方式を採用すると，(1.40) の標本数と定数 c を用いて構成される選択方法は，$\mu_{[k]} \ge \mu_0 + \delta^*$ ならば

$$P(\mu_S \ge \mu_0) \ge P_1^*$$

を満たす．ここで，μ_S は選択された母集団の母平均を表す．例題 1.9 の場合，$\mu_{[4]} \ge \mu_0 + 1.2$ であるならば，触媒 A_2 の強度は触媒 A_0 の強度以上である（信頼度 90%）．

次に，母分散 σ^2 の値は未知とする．二段階推測法を用いて (1.37) を満たす標本数と定数 c を定めることにする．第一段階の初期標本数を $m(\ge 2)$ とする．母集団 Π_i からの大きさ m の初期標本から求められる標本分散を $S_i^2, i = 0, 1, \ldots, k$ とし，母分散 σ^2 の値を

$$\hat{\sigma}^2 = \frac{1}{k+1}\sum_{i=0}^{k} S_i^2$$

で推定する．次の方程式の解を g_B, h_B とする．

$$\int_0^\infty \left\{ \int_{-\infty}^\infty \Phi^k \left(x + h_B \sqrt{\frac{y}{\nu}} \right) \phi(x) dx \right\} f_\nu(y) dy = P_0^*$$

$$\int_0^\infty \left\{ \int_{-\infty}^\infty \Phi^{k-1} \left(x + g_B \sqrt{\frac{y}{\nu}} \right) \Phi\left(x + (g_B - h_B) \sqrt{\frac{y}{\nu}} \right) \phi(x) dx \right\} \times f_\nu(y) dy = P_1^* \quad (1.41)$$

ここで，$\nu = (k+1)(m-1)$ である．各母集団からの全標本数 N は (1.40) で定義される標本数を推定する形で決定される．すなわち

$$N = \max \left\{ m, \left[\frac{g_B^2 \hat{\sigma}^2}{\delta^{*2}} \right] + 1 \right\} \quad (1.42)$$

である．$N > m$ ならば，第二段階に進み，その差 $N - m$ 個の標本を母集団 $\Pi_i, i = 0, 1, \ldots, k$ から抽出する．第一段階と第二段階を合わせた標本の標本平均を $\bar{X}_{i(N)}, i = 0, 1, \ldots, k$ とし，$\bar{X}_{[k]} = \max\{\bar{X}_{1(N)}, \ldots, \bar{X}_{k(N)}\}$ とする．$c = h_B \delta^* / g_B$ とし，$\bar{X}_{[k]} \leq \bar{X}_{0(N)} + c$ のときは，どの母集団も選択せず，$\bar{X}_{[k]} > \bar{X}_{0(N)} + c$ のときは，$\bar{X}_{[k]}$ に対応する母集団を選択する．このとき次のことが成り立つ．

定理 1.9

$P_1^* > 1/2$ とする．方程式 (1.41) の解 g_B, h_B から，標本数を (1.42)，定数 c を $c = h_B \delta^* / g_B$ で定めると，標本平均を用いた選択方法は (1.37) を満たす．

表 1.7 は，$k = 2, 3, \ldots, 10, m = 10, 12, \ldots, 20, P_0^* = 0.95, P_1^* = 0.90$ のとき，方程式 (1.41) の解 g_B, h_B の値である．$m = \infty$ の値は，方程式 (1.38) の解 g, h の値である．(1.41) より

$$\lim_{m \to \infty} g_B = g, \quad \lim_{m \to \infty} h_B = h$$

が示される．

【例題 1.10】　例題 1.9 を取り上げる．ただし，母分散は共通であるが未知とする．二段階推測法を適用する．初期標本数 $m = 10$ とし，各触媒で 10 個の製品を作成し，その強度の標本分散が下記の通りとする．

A_0	A_1	A_2	A_3	A_4
4.2	3.4	2.8	5.2	4.6

したがって

$$\hat{\sigma}^2 = \frac{4.2 + 3.4 + 2.8 + 5.2 + 4.6}{5} = 4.04$$

であり，表1.7より $g_B = 4.986, h_B = 3.143$ であるので，(1.42) より全標本数は

$$N = \max\left\{10, \left[\frac{4.986^2 \times 4.04}{1.2^2}\right] + 1\right\} = 70$$

となる．このことから，各触媒で，さらに，$N - m = 70 - 10 = 60$ 個の製品を追加生産する必要がある．合計 70 個の製品の強度の標本平均 $\bar{X}_{0(70)}$, $\bar{X}_{1(70)}, \bar{X}_{2(70)}, \bar{X}_{3(70)}, \bar{X}_{4(70)}$ を求め，$\bar{X}_{[4]} = \max\{\bar{X}_{1(70)}, \bar{X}_{2(70)}, \bar{X}_{3(70)}, \bar{X}_{4(70)}\}$ とする．

$$c = \frac{3.143 \times 1.2}{4.986} = 0.76$$

であるので，$\bar{X}_{[4]} \leq \bar{X}_{0(70)} + 0.76$ ならば，どの触媒も選択しない．$\bar{X}_{[4]} > \bar{X}_{0(70)} + 0.76$ ならば，$\bar{X}_{[4]}$ に対応する触媒を選択する．このとき (1.37) が満たされる．

1.3.2 母分散が一般の場合

母集団 Π_i の母集団分布は正規分布 $N(\mu_i, \sigma_i^2), i = 0, 1, \ldots, k$ とする．まず，母分散 σ_i^2 の値は既知とする．分散不均一法を適用する．定数 g, h を方程式 (1.38) の解とする．母集団 Π_i からの標本数 n_i を

$$n_i = \max\left\{2, \left[\frac{\sigma_i^2}{z}\right] + 1\right\} \tag{1.43}$$

とする．ただし，$z = \delta^{*2}/g^2$ である．母集団 Π_i からの n_i 個の標本 $X_{i1}, \ldots, X_{in_i}$ に対して

$$\tilde{X}_i = a_i \sum_{j=1}^{n_i-1} X_{ij} + b_i X_{in_i}, \quad i = 0, 1, \ldots, k \tag{1.44}$$

とする．ここで

$$a_i = \frac{1}{n_i}\left(1 + \sqrt{\frac{1}{n_i - 1}\left(n_i \frac{z}{\sigma_i^2} - 1\right)}\right), \quad b_i = 1 - (n_i - 1)a_i$$

である．$\tilde{X}_{[k]} = \max\{\tilde{X}_1, \ldots, \tilde{X}_k\}$ とし，$\tilde{X}_{[k]} \leq \tilde{X}_0 + c$ ならばどの母集団も選択せず，$\tilde{X}_{[k]} > \tilde{X}_0 + c$ ならば $\tilde{X}_{[k]}$ に対応する母集団を選択する．ただし，$c = h\delta^*/g$ である．この選択方法は (1.37) を満たす（演習問題 1.12）．

次に，母集団の母分散が未知である場合を取り上げる．二段階推測法と分散不均一法を適用することができる．最初に二段階推測法を適用した場合について説明する．

母集団 Π_i からの大きさ $m(\geq 2)$ の初期標本から求められる標本分散を $S_i^2, i = 0, 1, \ldots, k$，次の方程式の解を g_N, h_N とする．

$$\int_0^\infty \left\{\int_0^\infty \Phi\left(\frac{h_N}{\sqrt{\nu\,(1/x + 1/y)}}\right) f_\nu(x)dx\right\}^k f_\nu(y)dy = P_0^*$$

$$\int_0^\infty \left\{\int_0^\infty \Phi\left(\frac{g_N}{\sqrt{\nu\,(1/x + 1/y)}}\right) f_\nu(x)dx\right\}^{k-1}$$
$$\times \left\{\int_0^\infty \Phi\left(\frac{g_N - h_N}{\sqrt{\nu\,(1/x + 1/y)}}\right) f_\nu(x)dx\right\} f_\nu(y)dy = P_1^* \tag{1.45}$$

ここで，$\nu = m - 1$ である．母集団 Π_i からの全標本数 N_i を

$$N_i = \max\left\{m, \left[\frac{g_N^2 S_i^2}{\delta^{*2}}\right] + 1\right\}, \quad i = 0, 1, \ldots, k \tag{1.46}$$

とする．$N_i > m$ ならば，第二段階に進み，残りの $N_i - m$ 個の標本を母集団 Π_i から抽出する．第一段階と第二段階を合わせた標本の標本平均を $\bar{X}_{i(N_i)}, i = 0, 1, \ldots, k$ とし，$\bar{X}_{i(N_i)}, i = 1, \ldots, k$ の最大値を $\bar{X}_{[k]}$ とする．$c = h_N\delta^*/g_N$ とし，$\bar{X}_{[k]} \leq \bar{X}_{0(N_0)} + c$ のときは，どの母集団も選択せず，

$\bar{X}_{[k]} > \bar{X}_{0(N_0)} + c$ のときは，$\bar{X}_{[k]}$ に対応する母集団を選択する．このとき次のことが成り立つ．

定理 1.10

$P_1^* > 1/2$ とする．方程式 (1.45) の解 g_N, h_N から，標本数を (1.46)，定数 c を $c = h_N \delta^*/g_N$ と定めると，標本平均を用いた選択方法は (1.37) を満たす．

g, h を次の方程式の解とする．

$$\Phi^k\left(\frac{h}{\sqrt{2}}\right) = P_0^*, \quad \Phi^{k-1}\left(\frac{g}{\sqrt{2}}\right)\Phi\left(\frac{g-h}{\sqrt{2}}\right) = P_1^* \tag{1.47}$$

方程式 (1.45) の解 g_N, h_N は

$$\lim_{m\to\infty} g_N = g, \quad \lim_{m\to\infty} h_N = h$$

を満たす．表 1.8 は，$k = 2, 3, \ldots, 10, m = 10, 12, \ldots, 20, P_0^* = 0.95, P_1^* = 0.90$ のとき，方程式 (1.45) の解 g_N, h_N の値である．$m = \infty$ の値は，方程式 (1.47) の解 g, h の値である．

【例題 1.11】 例題 1.9 を取り上げる．ただし，母分散は未知で等しいとは限らないとする．二段階推測法を用いる．初期標本数 $m = 10$ とし，初期標本の標本分散は例題 1.10 の値を用いる．表 1.8 より $g_N = 5.713, h_N = 3.693$ であるので，標本数は (1.46) より

$$N_0 = \max\left\{10, \left[\frac{5.713^2 \times 4.2}{1.2^2}\right] + 1\right\} = 96,$$

$$N_1 = \max\left\{10, \left[\frac{5.713^2 \times 3.4}{1.2^2}\right] + 1\right\} = 78,$$

$$N_2 = \max\left\{10, \left[\frac{5.713^2 \times 2.8}{1.2^2}\right] + 1\right\} = 64,$$

$$N_3 = \max\left\{10, \left[\frac{5.713^2 \times 5.2}{1.2^2}\right] + 1\right\} = 118,$$

$$N_4 = \max\left\{10, \left[\frac{5.713^2 \times 4.6}{1.2^2}\right] + 1\right\} = 105$$

表 1.8 g_N（上段），h_N（下段）$(P_0^* = 0.95, P_1^* = 0.90)$

$m \backslash k$	2	3	4	5	6	7	8	9	10
10	5.180	5.495	5.713	5.881	6.017	6.130	6.228	6.315	6.392
	3.166	3.477	3.693	3.859	3.994	4.107	4.204	4.290	4.367
12	5.057	5.353	5.559	5.715	5.840	5.946	6.037	6.116	6.189
	3.083	3.376	3.580	3.735	3.860	3.965	4.056	4.135	4.207
14	4.976	5.261	5.457	5.606	5.726	5.827	5.913	5.989	6.056
	3.028	3.311	3.506	3.654	3.774	3.874	3.960	4.036	4.103
16	4.918	5.195	5.386	5.530	5.647	5.743	5.826	5.899	5.964
	2.989	3.264	3.454	3.598	3.714	3.810	3.893	3.966	4.031
18	4.875	5.147	5.333	5.474	5.587	5.681	5.762	5.833	5.896
	2.960	3.230	3.415	3.556	3.669	3.763	3.844	3.915	3.978
20	4.842	5.110	5.292	5.430	5.542	5.634	5.714	5.783	5.844
	2.938	3.204	3.386	3.524	3.635	3.727	3.807	3.876	3.937
∞	4.581	4.818	4.977	5.097	5.191	5.271	5.338	5.397	5.448
	2.764	3.000	3.159	3.279	3.375	3.454	3.521	3.580	3.632

である．したがって，A_0 で $N_0 - m = 96 - 10 = 86$ 個，A_1 で $N_1 - m = 78 - 10 = 68$ 個，A_2 で $N_2 - m = 64 - 10 = 54$ 個，A_3 で $N_3 - m = 118 - 10 = 108$ 個，A_4 で $N_4 - m = 105 - 10 = 95$ 個の製品を追加生産し，それぞれの製品の強度の標本平均 $\bar{X}_{0(96)}, \bar{X}_{1(78)}, \bar{X}_{2(64)}, \bar{X}_{3(118)}, \bar{X}_{4(105)}$ を求め，$\bar{X}_{[4]} = \max\{\bar{X}_{1(78)}, \bar{X}_{2(64)}, \bar{X}_{3(118)}, \bar{X}_{4(105)}\}$ とする．

$$c = \frac{3.693 \times 1.2}{5.713} = 0.78$$

であるので，$\bar{X}_{[4]} \leq \bar{X}_{0(96)} + 0.78$ ならば，どの触媒も選択しない．$\bar{X}_{[4]} > \bar{X}_{0(96)} + 0.78$ ならば，$\bar{X}_{[4]}$ に対応する触媒を選択する．このとき (1.37) が満たされる．

次に，分散不均一法を用いた選択方法について解説する．初期標本数を $m (\geq 2)$ とし，母集団 Π_i からの大きさ m の初期標本の標本平均，標本分散を $\bar{X}_{i(m)}, S_i^2, i = 1, \ldots, k$ とする．また，次の方程式の解を g_D, h_D とする．

$$\int_{-\infty}^{\infty} \Psi_\nu^k(x+h_D)\psi_\nu(x)dx = P_0^*,$$
$$\int_{-\infty}^{\infty} \Psi_\nu^{k-1}(x+g_D)\Psi_\nu(x+g_D-h_D)\psi_\nu(x)dx = P_1^* \tag{1.48}$$

ただし，$\nu = m-1$ である．母集団 Π_i からの全標本数 $\tilde{N}_i$ を

$$\tilde{N}_i = \max\left\{m+1, \left[\frac{S_i^2}{z}\right]+1\right\}, \quad i=0,1,\ldots,k \tag{1.49}$$

とする．ここで，$z = \delta^{*2}/g_D^2$ である．母集団 Π_i から $\tilde{N}_i - m$ 個の追加標本の標本平均を $\hat{\bar{X}}_{i(N_i-m)}, i=0,1,\ldots,k$ とし

$$\tilde{X}_{i(\tilde{N}_i)} = (1-b_i)\bar{X}_{i(m)} + b_i\hat{\bar{X}}_{i(\tilde{N}_i-m)}, \quad i=0,1,\ldots,k \tag{1.50}$$

とする．ただし

$$b_i = \frac{\tilde{N}_i - m}{\tilde{N}_i}\left(1+\sqrt{\frac{m(\tilde{N}_i z - S_i^2)}{(\tilde{N}_i - m)S_i^2}}\right), \quad i=0,1,\ldots,k$$

である．$\tilde{X}_{i(\tilde{N}_i)}, i=1,\ldots,k$ の最大値を $\tilde{X}_{[k]}$，$c = h_D\delta^*/g_D$ とし，$\tilde{X}_{[k]} \leq \tilde{X}_{0(\tilde{N}_0)} + c$ のときはどの母集団も選択せず，$\tilde{X}_{[k]} > \tilde{X}_{0(\tilde{N}_0)} + c$ のときは $\tilde{X}_{[k]}$ に対応する母集団を選択する．このとき次のことが成り立つ．

定理 1.11

(1.48) の解 g_D, h_D から，標本数を (1.49)，定数 c を $c = h_D\delta^*/g_D$ とし，推定量 (1.50) を用いた選択方法は (1.37) を満たす．

表 1.9 は，$k = 2,3,\ldots,10, m = 10,12,\ldots,20, P_0^* = 0.95, P_1^* = 0.90$ のとき，方程式 (1.48) の解 g_D, h_D の値である．$m=\infty$ の値は，方程式 (1.38) の解 g, h の値である．(1.48) より

$$\lim_{m\to\infty} g_D = g, \quad \lim_{m\to\infty} h_D = h$$

が示される．

表 1.9 g_D（上段），h_D（下段）($P_0^* = 0.95, P_1^* = 0.90$)

$m\backslash k$	2	3	4	5	6	7	8	9	10
10	5.088 3.082	5.353 3.345	5.538 3.529	5.680 3.670	5.796 3.785	5.892 3.881	5.977 3.965	6.051 4.039	6.117 4.105
12	4.973 3.006	5.225 3.256	5.400 3.430	5.532 3.562	5.640 3.669	5.730 3.759	5.808 3.837	5.876 3.905	5.937 3.966
14	4.897 2.955	5.141 3.198	5.309 3.365	5.436 3.492	3.538 3.594	5.624 3.680	5.698 3.754	5.764 3.819	5.821 3.876
16	4.843 2.919	5.081 3.156	5.244 3.319	5.367 3.442	5.467 3.542	5.550 3.625	5.622 3.696	5.684 3.758	5.740 3.814
18	4.803 2.893	5.036 3.125	5.196 3.285	5.317 3.406	5.414 3.503	5.495 3.584	5.564 3.653	5.625 3.714	5.679 3.767
20	4.771 2.872	5.002 3.102	5.159 3.259	5.277 3.377	5.374 3.473	5.453 3.552	5.521 3.620	5.580 3.679	5.633 3.732
∞	4.526 2.711	4.732 2.917	4.871 3.056	4.975 3.160	5.057 3.242	5.124 3.310	5.182 3.368	5.233 3.419	4.277 3.463

【例題 1.12】 例題 1.9 を取り上げる．母分散は未知とし，等しいとは限らないとする．分散不均一法を適用する．初期標本数 $m = 10$ とし，初期標本の標本分散は，例題 1.10 の値を用いる．

表 1.9 より $g_D = 5.538, h_D = 3.529$ である．(1.49) より

$$\tilde{N}_0 = \max\left\{10+1, \left[\frac{5.538^2 \times 4.2}{1.2^2}\right]+1\right\} = 90,$$

$$\tilde{N}_1 = \max\left\{10+1, \left[\frac{5.538^2 \times 3.4}{1.2^2}\right]+1\right\} = 73,$$

$$\tilde{N}_2 = \max\left\{10+1, \left[\frac{5.538^2 \times 2.8}{1.2^2}\right]+1\right\} = 60,$$

$$\tilde{N}_3 = \max\left\{10+1, \left[\frac{5.538^2 \times 5.2}{1.2^2}\right]+1\right\} = 111,$$

$$\tilde{N}_4 = \max\left\{10+1, \left[\frac{5.538^2 \times 4.6}{1.2^2}\right]+1\right\} = 98$$

である．したがって，A_0 で $\tilde{N}_0 - m = 90 - 10 = 80$ 個，A_1 で $\tilde{N}_1 - m = 73 - 10 = 63$ 個，A_2 で $\tilde{N}_2 - m = 60 - 10 = 50$ 個，A_3 で $\tilde{N}_3 - m =$

$111-10=101$ 個，A_4 で $\tilde{N}_4-m=98-10=88$ 個の製品を追加生産し，$\tilde{X}_{0(90)},\tilde{X}_{1(73)},\tilde{X}_{2(60)},\tilde{X}_{3(111)},\tilde{X}_{4(98)}$ を求め，$\tilde{X}_{[4]}=\max\{\tilde{X}_{1(73)},\tilde{X}_{2(60)},\tilde{X}_{3(111)},\tilde{X}_{4(98)}\}$ とする．

$$c=\frac{3.529\times 1.2}{5.538}=0.76$$

であるので，$\tilde{X}_{[4]}\le\tilde{X}_{0(90)}+0.76$ ならば，どの触媒も選択しない．$\tilde{X}_{[4]}>\tilde{X}_{0(90)}+0.76$ ならば，$\tilde{X}_{[4]}$ に対応する触媒を選択する．このとき (1.37) が満たされる．

分散不均一法の方が二段階推測法よりも複雑であるが，例題 1.11 と例題 1.12 の標本数を触媒ごとに比較すると，分散不均一法を適用する方の標本数が少ない．一般に，次のことが成り立つ．

定理 1.12

(1.46) と (1.49) の標本数を比較すると

$$N_i+1\ge\tilde{N}_i,\quad i=1,\ldots,k$$

が成立する．

1.4 演習問題

問 1.1 ガソリンの 4 つの銘柄 $\mathrm{A}_1,\mathrm{A}_2,\mathrm{A}_3,\mathrm{A}_4$ の中で，その燃費 (km/L) が最良の銘柄を選択したい．ただし，母分散は未知であるが等しいとする．$\delta^*=3.0, P^*=0.95$ とし，二段階推測法を用いて選択することにした．初期標本数を $m=12$ とし，各々 12 台の車を用いて燃費を調べたところ，その標本分散が次の表である．各銘柄の実験回数 N を求めよ．

A_1	A_2	A_3	A_4
25.2	45.3	32.0	26.1

また，$\bar{X}_{1(N)} = 26.5, \bar{X}_{2(N)} = 30.8, \bar{X}_{3(N)} = 25.5, \bar{X}_{4(N)} = 29.3$ とするとき，この実験の結論を述べよ．

問 1.2　5 種類の成長ホルモン刺激剤 $\mathrm{A}_1, \mathrm{A}_2, \mathrm{A}_3, \mathrm{A}_4, \mathrm{A}_5$ の効果を調べる実験を計画している．この刺激剤をブタに投与し，一定期間後の成長率 (%) が最大となる刺激剤を選択したい．ただし，母分散は未知で等しいとは限らないとする．$\delta^* = 1.0, P^* = 0.95$ とし，二段階推測法を用いて選択することにした．初期標本数を $m = 14$ とし，各々 14 匹のブタを用いて成長率を測定したところ，その標本分散が次の表である．各刺激剤の実験回数 $N_i, i = 1, \ldots, 5$ を求めよ．

A_1	A_2	A_3	A_4	A_5
1.52	2.48	3.65	2.97	1.88

また，$\bar{X}_{1(N_1)} = 12.5, \bar{X}_{2(N_2)} = 10.8, \bar{X}_{3(N_3)} = 9.6, \bar{X}_{4(N_4)} = 13.4,$ $\bar{X}_{5(N_5)} = 8.7$ とするとき，この実験の結論を述べよ．

問 1.3　3 種類の触媒 $\mathrm{A}_1, \mathrm{A}_2, \mathrm{A}_3$ について，用いたときの製品の収率 (%) が最も高い触媒を選択したい．ただし，母分散は未知で等しいとは限らないとする．$\delta^* = 0.5, P^* = 0.95$ とし，分散不均一法を用いて選択することにした．初期標本数を $m = 12$ とし，それぞれの触媒を用いて 12 個の製品を製作し，その収率を測定したところ，次の結果を得た．各触媒の実験回数 $\tilde{N}_1, \tilde{N}_2, \tilde{N}_3$ を求めよ．

触媒	A_1	A_2	A_3
標本平均	90.0	91.5	88.9
標本分散	1.23	1.56	1.98

また，第二段階のデータの標本平均が，それぞれ 89.7, 92.5, 89.9 とするとき，この実験の結論を述べよ．

問 1.4　ある物質の強度 (kg/mm^2) を高めるため，原料の配合法 $\mathrm{A}_1, \mathrm{A}_2,$

A_3 の中で，その強度が最大となる配合法を選択したい．ただし，その強度が標準値 2.0 に達しないときは，どの配合法も選択しないことにする．また，母分散は未知であるが等しいとする．$\delta^* = 0.5, P_0^* = 0.95, P_1^* = 0.90$ とし，二段階推測法を用いて選択する．初期標本数を $m = 12$ とし，各配合法を用いて物質を生成しその強度を測定したところ，その標本分散が次の表である．各配合法の実験回数 N を求めよ．

A_1	A_2	A_3
1.16	1.32	1.64

また，$\bar{X}_{1(N)} = 3.2, \bar{X}_{2(N)} = 2.5, \bar{X}_{3(N)} = 1.95$ とするとき，この実験の結論を述べよ．

問 1.5 食品メーカー A_1, A_2, A_3, A_4 が同種の製品を製造している．その製品に含まれるある物質の含有量 (mg/100g) が最大となる食品メーカーを選択したい．ただし，その含有量が 20 以下であれば，どの食品メーカーも選択しないことにする．また，母分散は未知で等しいとは限らないとする．$\delta^* = 1.5, P_0^* = 0.95, P_1^* = 0.90$ とし，分散不均一法を用いて選択することにした．初期標本数を $m = 14$ とし，それぞれのメーカーの製品 14 個について含有量を測定したところ次の結果を得た．各メーカーの標本数を求めよ．

メーカー	A_1	A_2	A_3	A_4
標本平均	22.3	17.5	26.3	20.4
標本分散	4.23	3.42	4.64	2.85

また，第二段階のデータの標本平均が，それぞれ 23.4, 19.2, 24.5, 22.3 とするとき，この実験の結論を述べよ．

問 1.6 ある合成樹脂の抗張力を大きくするために，新しく開発した 3 種類の添加剤 A_1, A_2, A_3 の中でその抗張力が最大である添加剤を選択したい．ただし，どの添加剤も現在使用している添加材 A_0 の抗張力を下回れば選択しないことにする．また，母分散は未知であるが等しいとする．$\delta^* = 1.0, P_0^* = 0.95, P_1^* = 0.90$ とし，二段階推測法を用いて選択する．初期標本数を $m = 10$ とし，各々の添加材を用いて合成樹脂を製作し，その抗張力を測定したところ次の標本分散を得た．各添加剤での実験回数 N を求めよ．

A_0	A_1	A_2	A_3
1.22	0.95	1.86	1.42

また，$\bar{X}_{0(N)} = 25.2, \bar{X}_{1(N)} = 38.4, \bar{X}_{2(N)} = 26.3, \bar{X}_{3(N)} = 27.2$ とするとき，この実験の結論を述べよ．

問 1.7　眼鏡のフレームの強度 (kg) を改善するため，新たな材質 A_1, A_2 の中で強度が最大となる材質を選択したい．ただし，どの材質の強度も現在使用している材質 A_0 の強度以下であれば採用しないことにする．また，母分散は未知で等しいとは限らないとする．$\delta^* = 2.0, P_0^* = 0.95, P_1^* = 0.90$ とし，分散不均一法を用いて選択することにした．初期標本数を $m = 10$ とし，それぞれの材質でつくったフレームの強度を測定したところ次の結果を得た．各材質での実験回数 $\tilde{N}_0, \tilde{N}_1, \tilde{N}_2$ を求めよ．

材質	A_0	A_1	A_2
標本平均	91.2	92.3	94.0
標本分散	8.24	7.65	9.20

また，第二段階のデータの標本平均が，それぞれ，92.3, 91.5, 92.9 とするとき，この実験の結論を述べよ．

問 1.8　標本数を (1.8)，推定量 (1.9) を用いた選択方法は，(1.2) を満たすことを示せ．

問 1.9 $P_1^* > 1/2$ であれば，(1.22) の n, c は不等式 (1.21) を満たすことを示せ．

問 1.10 標本数を (1.26)，推定量 (1.27) を用いた選択方法は (1.19) を満たすことを示せ．

問 1.11 $P_1^* > 1/2$ であれば，(1.40) の n, c は不等式 (1.39) を満たすことを示せ．

問 1.12 標本数を (1.43)，推定量 (1.44) を用いた選択方法は (1.37) を満たすことを示せ．

補注

最良母集団の選択問題を解くのに IZ 方式を考案したのは Bechhofer [2] であり，CS 方式は Fabian [19] による．2 つの方式が一般に同等であることは Parnes and Srinivasan [41] によって示されている．等分散の場合の二段階推測法は Bechhofer et al. [5] による．分散が一般の場合の二段階推測法としては Rinott [42] の方法を解説したが，他の方法としては Lam [31] の方法がある．分散不均一法を用いた方法は Dudewicz and Dalal [17] による．Takada [48] は，これら 3 つの方法の比較を行っている．

標準値がある場合の最良母集団の選択方法は，等分散の場合は Bechhofer and Turnbull [4] の方法を．分散が一般の場合は Taneja and Dudewicz [53] の方法を解説した．他の方法として Lam [31] の方法も適用できる．Takada [50] は，これらの方法の比較を行っている．

対照母集団がある場合の最良母集団の選択に関しては，等分散の場合は Bernhofen [8] の方法を，分散が一般の場合の二段階推測法は Nelson and Goldsman [39] の方法を解説した．Takada [51] は，この問題への分散不均一法の適用，および二段階推測法との比較を行っている．

なお，順位付けと選択を扱った書籍としては，Gibbons et al. [21]，Gupta and Panchapakesan [24]，Mukhopadhyay and Solanky [37]，Bechhofer et al. [7] 等を挙げることができる．また，母集団の選択と多重比較は関係があり，そのことに関しては Hsu [29] の書籍が参考になる．

第 2 章

部分集合の選択

$k(\geq 2)$ 個の母集団 $\Pi_1, \ldots, \Pi_k$ の母集団分布は正規分布 $N(\mu_i, \sigma_i^2), i = 1, \ldots, k$ とし，その母平均 $\mu_1, \ldots, \mu_k$ の値は未知とする．それらを大きさの順に並べ替えた値を $\mu_{[1]} \leq \cdots \leq \mu_{[k]}$ とし，$\mu_{[k]}$ を母平均に持つ母集団を最良母集団とする．本章では最良母集団をその要素として含む母集団の部分集合を選択する方法について説明する．また，標準値，対照母集団がある場合の部分集合の選択方法についても解説する．

2.1　部分集合の選択

$k(\geq 2)$ 個の母集団から部分集合を選択するとき，その選択方法が正しい選択 (CS) とは，選ばれた部分集合に最良母集団が含まれる場合をいう．このとき，$P^*(0 < P^* < 1)$ を与え

$$P(\mathrm{CS}) \geq P^* \tag{2.1}$$

を満たす選択方法を構成する．

2.1.1　等分散の場合

母集団 $\Pi_1, \ldots, \Pi_k$ の母集団分布は正規分布 $N(\mu_i, \sigma^2), i = 1, \ldots, k$ とする．まず，母分散 σ^2 の値は既知とする．$\Pi_1, \ldots, \Pi_k$ から大きさ n の標本の標本平均を $\bar{X}_{1(n)}, \ldots, \bar{X}_{k(n)}$，その最大値を $\bar{X}_{[k]}$ とし

$$\bar{X}_{i(n)} > \bar{X}_{[k]} - \tau\sqrt{\frac{\sigma^2}{n}} \tag{2.2}$$

ならば，母集団 Π_i を部分集合に含める．ここで，τ は方程式 (1.4) の解である．この選択方法の $P(\mathrm{CS})$ を求めよう．一般性を失わずに $\mu_k = \mu_{[k]}$ とする．

$$\begin{aligned} P(\mathrm{CS}) &= P\left(\bar{X}_{k(n)} > \bar{X}_{[k]} - \tau\sqrt{\frac{\sigma^2}{n}}\right) \\ &= P\left(\bar{X}_{k(n)} > \bar{X}_{i(n)} - \tau\sqrt{\frac{\sigma^2}{n}}, i = 1, \ldots, k-1\right) \\ &= P\left(Z_k + \tau + \frac{\tau(\mu_k - \mu_i)}{\sqrt{n}} > Z_i, i = 1, \ldots, k-1\right) \end{aligned}$$

ここで，$Z_i = \sqrt{n}(\bar{X}_{i(n)} - \mu_i)/\sigma, i = 1, \ldots, k$ であり，その分布は標準正規分布である．したがって，$\mu_k \geq \mu_i, i = 1, \ldots, k-1$ と (1.4) より

$$\begin{aligned} P(\mathrm{CS}) &= \int_{-\infty}^{\infty} \left\{\prod_{i=1}^{k-1} \Phi\left(x + \tau + \frac{\tau(\mu_k - \mu_i)}{\sqrt{n}}\right)\right\} \phi(x)dx \\ &\geq \int_{-\infty}^{\infty} \Phi^{k-1}(x+\tau)\phi(x)dx = P^* \end{aligned}$$

となり，選択方法 (2.2) は (2.1) を満たす．

【例題 2.1】 原材料 A,B,C,D,E の製品の材質への影響を調べるため，各々の原材料で製造した 10 個の製品の材質の標本平均を調べたのが次の表である．

A	B	C	D	E
3.28	4.54	7.21	5.21	6.81

最も良い材質を与える原材料を含む部分集合を選択したい．ただし，$P^* = 0.95$，母分散は既知で $\sigma^2 = 4.0$ とする．

$\bar{X}_{[5]} = 7.21$ であり，表 1.1 より $\tau = 3.056$ であるので，(2.2) より標本平均が

$$7.21 - 3.056 \times \sqrt{\frac{4.0}{10}} = 5.28$$

以上である原材料が選択される．この場合 C,E が選択され，その中に最も良い材質を与える原材料が含まれる．

次に，母分散 σ^2 の値は未知とする．$\Pi_1, \ldots, \Pi_k$ から大きさ n の標本の標本平均を $\bar{X}_{1(n)}, \ldots, \bar{X}_{k(n)}$，標本分散を $S_1^2, \ldots, S_k^2$ とする．σ^2 の値を

$$\hat{\sigma}^2 = \frac{1}{k}\sum_{i=1}^{k} S_i^2$$

で推定する．$\bar{X}_{1(n)}, \ldots, \bar{X}_{k(n)}$ の最大値を $\bar{X}_{[k]}$ とし

$$\bar{X}_{i(n)} > \bar{X}_{[k]} - h\sqrt{\frac{\hat{\sigma}^2}{n}} \tag{2.3}$$

ならば，母集団 Π_i を部分集合に含める．ここで，h は方程式（1.7）の解である $(m = n)$．このとき次のことが成り立つ．

定理 2.1

選択方法 (2.3) は (2.1) を満たす．

【例題 2.2】 例題 2.1 を取り上げる．ただし，母分散の値は未知とする．10 個の製品の材質の標本分散が下記の通りであったとする．

A	B	C	D	E
6.26	3.28	4.24	5.48	3.24

このとき

$$\hat{\sigma}^2 = \frac{6.26 + 3.28 + 4.24 + 5.48 + 3.24}{5} = 4.50$$

である．例題 2.1 より $\bar{X}_{[5]} = 7.21$ であり，表 1.1 より $h = 3.143$ であるので，(2.3) より標本平均が

$$7.21 - 3.143 \times \sqrt{\frac{4.50}{10}} = 5.10$$

以上である原材料が選択される．この場合 C,D,E が選択され，その中に最も良い材質を与える原材料が含まれる．

注意 2.1
選択方法 (2.2)，または，(2.3) を用いたとき選択される母集団の個数を S とすると

$$E(S) \leq kP^*$$

が成り立ち，等号は，$\mu_1 = \cdots = \mu_k$ のとき成立する．

2.1.2 母分散が一般の場合

母集団 Π_i の母集団分布は正規分布 $N(\mu_i, \sigma_i^2), i = 1, \ldots, k$ とする．まず，母分散の値は既知とする．$\Pi_1, \ldots, \Pi_k$ から大きさ n の標本の標本平均を $\bar{X}_{1(n)}, \ldots, \bar{X}_{k(n)}$，その最大値を $\bar{X}_{[k]}$ とし

$$\bar{X}_{i(n)} > \bar{X}_{[k]} - h\sqrt{\frac{\max_{i=1,\ldots,k} \sigma_i^2}{n}} \tag{2.4}$$

ならば，母集団 Π_i を部分集合に含める．ここで，h は方程式

$$\Phi^{k-1}\left(\frac{h}{\sqrt{2}}\right) = P^* \tag{2.5}$$

の解である．この選択方法は (2.1) を満たす（演習問題 2.7）．

次に，母分散の値は未知とする．$\Pi_1, \ldots, \Pi_k$ から大きさ n の標本の標本平均を $\bar{X}_{1(n)}, \ldots, \bar{X}_{k(n)}$，標本分散を $S_1^2, \ldots, S_k^2$ とする．$\bar{X}_{1(n)}, \ldots, \bar{X}_{k(n)}$ の最大値を $\bar{X}_{[k]}$ とし

$$\bar{X}_{i(n)} > \bar{X}_{[k]} - \tilde{h}\sqrt{\frac{\max_{i=1,\ldots,k} S_i^2}{n}} \tag{2.6}$$

ならば，母集団 Π_i を部分集合に含める．ここで，$\tilde{h}$ は方程式 (1.11) の解である $(m = n)$．

このとき次のことが成り立つ．

定理 2.2

選択方法 (2.6) は (2.1) を満たす.

【例題 2.3】 例題 2.1 を取り上げる. ただし, 母分散の値は未知で等しいとは限らないとする. 例題 2.2 の標本分散を用いる. 標本分散の最大値は 6.26 であり, $\bar{X}_{[5]} = 7.21$ である. 表 1.2 より $\tilde{h} = 3.693$ であるので, (2.6) より標本平均が

$$7.21 - 3.693 \times \sqrt{\frac{6.26}{10}} = 4.29$$

以上である原材料が選択される. この場合 B,C,D,E が選択され, その中に最も良い材質を与える原材料が含まれる.

2.2 標準値がある場合

$k(\geq 2)$ 個の母集団 $\Pi_1, \ldots, \Pi_k$ の中でその母平均が, 標準値 μ_0 (既知) 以上となる母集団を選択したい. $\delta^*(>0)$ を与え, 母集団を次の 3 つのグループに分割する.

$$\Omega_B = \{\Pi_i; \mu_i \leq \mu_0\},$$
$$\Omega_I = \{\Pi_i; \mu_0 < \mu_i < \mu_0 + \delta^*\},$$
$$\Omega_G = \{\Pi_i; \mu_i \geq \mu_0 + \delta^*\}$$

このとき, ある選択が正しい選択 (CS) とは, Ω_B に属する母集団は全て選択されず, Ω_G に属する母集団は全て選択される場合をいう. $P^*(2^{-k} < P^* < 1)$ を与え

$$P(\mathrm{CS}) \geq P^* \tag{2.7}$$

を満たす選択方法を構成する.

2.2.1 等分散の場合

母集団 $\Pi_1, \ldots, \Pi_k$ の母集団分布は正規分布 $N(\mu_i, \sigma^2), i = 1, \ldots, k$ とする．まず，母分散 σ^2 の値は既知とする．$\Pi_1, \ldots, \Pi_k$ から大きさ n の標本の標本平均を $\bar{X}_{1(n)}, \ldots, \bar{X}_{k(n)}$ とし

$$\bar{X}_{i(n)} > \mu_0 + d \tag{2.8}$$

ならば，母集団 Π_i を部分集合に含める．ここで，$d = \delta^*/2$ である．$Z_i = \sqrt{n}(\bar{X}_{i(n)} - \mu_i)/\sigma, i = 1, \ldots, k$ とおくと

$$\begin{aligned} P(\mathrm{CS}) &= P(\bar{X}_{i(n)} \leq \mu_0 + d, \bar{X}_{j(n)} > \mu_0 + d, \Pi_i \in \Omega_B, \Pi_j \in \Omega_G) \\ &= P\biggl(Z_i \leq \frac{\sqrt{n}(\mu_0 - \mu_i + d)}{\sigma}, Z_j > \frac{\sqrt{n}(\mu_0 - \mu_j + d)}{\sigma}, \\ &\qquad\qquad \Pi_i \in \Omega_B, \Pi_j \in \Omega_G\biggr) \\ &\geq P\left(Z_i \leq \frac{\sqrt{n}d}{\sigma}, Z_j > \frac{-\sqrt{n}d}{\sigma}, \Pi_i \in \Omega_B, \Pi_j \in \Omega_G\right) \\ &= \Phi^{r+s}\left(\frac{\sqrt{n}d}{\sigma}\right) \end{aligned}$$

である．ただし，r, s は Ω_B, Ω_G の要素の個数である．$0 \leq r + s \leq k$ であるので

$$P(\mathrm{CS}) \geq \Phi^k\left(\frac{\sqrt{n}d}{\sigma}\right)$$

である．方程式

$$\Phi^k(\lambda) = P^* \tag{2.9}$$

の解を λ とすると，標本数 n が $\sqrt{n}d/\sigma \geq \lambda$ を満たせば $P(\mathrm{CS}) \geq P^*$ となる．すなわち

$$n = \left[\frac{\lambda^2\sigma^2}{d^2}\right] + 1 \tag{2.10}$$

とすれば (2.7) が満たされる．表 2.1 で $m = \infty$ に対する $\tilde{\lambda}$ の値が，$k = 2, 3, \ldots, 10, P^* = 0.95$ のときの方程式 (2.9) の解 λ の値である．

表 2.1　$\tilde{\lambda}$ $(P^* = 0.95)$

$m \backslash k$	2	3	4	5	6	7	8	9	10
10	2.254	2.499	2.673	2.809	2.920	3.015	3.097	3.170	3.235
12	2.194	2.422	2.582	2.707	2.808	2.894	2.968	3.034	3.093
14	2.153	2.370	2.523	2.640	2.735	2.815	2.885	2.946	3.000
16	2.125	2.334	2.480	2.592	2.683	2.760	2.826	2.884	2.935
18	2.103	2.307	2.449	2.557	2.645	2.718	2.782	2.838	2.887
20	2.087	2.286	2.424	2.530	2.615	2.687	2.748	2.802	2.850
∞	1.955	2.121	2.234	2.319	2.386	2.442	2.490	2.531	2.568

【例題 2.4】　小麦の新品種 A,B,C,D の中で，単位面積当たりの収量の母平均が 36 kg を超える品種を選択したい．ただし，39 kg を超える品種は全て選びたい．また，36 kg 以下の品種は選択しない．$P^* = 0.95$ とし，母分散の値は既知で，$\sigma^2 = 8.0$ とする．

$\mu_0 = 36, \delta^* = 39 - 36 = 3$ である．$d = 3/2 = 1.5$ であり，表 2.1 より $\lambda = 2.234$ であるので，(2.10) より実験回数は

$$n = \left[\frac{2.234^2 \times 8.0}{1.5^2}\right] + 1 = 18$$

である．各品種で 18 回実験をしたところ次の標本平均を得た．

A	B	C	D
39.8	28.7	43.5	30.0

(2.8) より標本平均が $36 + 1.5 = 37.5$ を超える品種が選択される．この場合 A,C が選択され，その収量は 36 kg 以上である．

注意 2.2

$\delta^* = 0$ とすることはできない．この場合，どのように定数 d を選んでも $P(\mathrm{CS})$ の最小値は 2^{-k} となる（演習問題 2.8）．

次に，母分散 σ^2 の値は未知とする．二段階推測法を用いて (2.7) を満たす選択方法を求める．

第一段階の初期標本数を $m(\geq 2)$ とする．母集団 $\Pi_1, \ldots, \Pi_k$ から m 個の初期標本の標本分散を $S_1^2, \ldots, S_k^2$ とし，σ^2 の値を

$$\hat{\sigma}^2 = \frac{1}{k}\sum_{i=1}^{k} S_i^2$$

で推定する．全標本数 N は，(2.10) で定義される標本数を推定する形で決定される．すなわち

$$N = \max\left\{m, \left[\frac{h^2\hat{\sigma}^2}{d^2}\right] + 1\right\} \tag{2.11}$$

である．ここで，$d = \delta^*/2$ であり，h は次の方程式の解である．

$$\int_0^\infty \Phi^k\left(h\sqrt{\frac{x}{\nu}}\right) f_\nu(x)dx = P^* \tag{2.12}$$

ただし，$\nu = k(m-1)$ である．$N > m$ ならば，第二段階に進み，各母集団から $N - m$ 個の標本を抽出する．第一段階と第二段階を合わせた標本の標本平均を $\bar{X}_{i(N)}, i = 1, \ldots, k$ とし

$$\bar{X}_{i(N)} > \mu_0 + d \tag{2.13}$$

ならば，母集団 Π_i を部分集合に含める．このとき次のことが成り立つ．

定理 2.3

標本数を (2.11) で定めた選択方法 (2.13) は (2.7) を満たす．

表 1.4 の h_E の値が，$k = 2, 3, \ldots, 10, m = 10, 12, \ldots, 20, P^* = 0.95$ のときの方程式 (2.12) の解 h の値である．

【例題 2.5】 例題 2.4 を取り上げる．ただし，母分散は共通であるが未知とする．各品種で 10 回実験を行い，そのときの標本分散を以下の通りとする．

A	B	C	D
8.2	10.4	6.3	7.6

このとき

$$\hat{\sigma}^2 = \frac{8.2 + 10.4 + 6.3 + 7.6}{4} = 8.1$$

であり，表 1.4 より $h = 2.327$ であるので，全標本数は (2.11) より

$$N = \max\left\{10, \left[\frac{2.327^2 \times 8.1}{1.5^2}\right] + 1\right\} = 20$$

である．したがって，さらに，各品種で $20 - 10 = 10$ 回の実験が必要である．全 20 回の実験の標本平均を求め，その値が 37.5 を超える品種を選択する．選択された品種の収量は 36 kg 以上といえる．

2.2.2 母分散が一般の場合

母集団 Π_i の母集団分布は正規分布 $N(\mu_i, \sigma_i^2), i = 1, \ldots, k$ とする．分散不均一法を適用して (2.7) を満たす選択方法を構成する．

まず，母分散の値は既知とする．母集団 Π_i からの標本数 n_i を

$$n_i = \max\left\{2, \left[\frac{\sigma_i^2}{z}\right] + 1\right\}, \quad i = 1, \ldots, k \tag{2.14}$$

とする．ここで，$z = d^2/\lambda^2$ であり，$d = \delta^*/2$，λ は方程式 (2.9) の解である．母集団 Π_i からの n_i 個の標本をもとに (1.9) で定義される推定量 $\tilde{X}_i, i = 1, \ldots, k$ を構成し

$$\tilde{X}_i > \mu_0 + d \tag{2.15}$$

ならば，母集団 Π_i を選択する．この選択方法は (2.7) を満たす（演習問題 2.9）．

次に，母分散の値は未知とする．初期標本数を $m(\geq 2)$ とし，母集団 Π_i からの大きさ m の初期標本の標本分散を S_i^2 とし，全標本数 N_i を

$$N_i = \max\left\{m + 1, \left[\frac{S_i^2}{z}\right] + 1\right\}, \quad i = 1, \ldots, k \tag{2.16}$$

とする．ここで，$z = d^2/\tilde{\lambda}^2$ であり，$d = \delta^*/2$，$\tilde{\lambda}$ は方程式

$$\Psi_\nu^k(\tilde{\lambda}) = P^* \tag{2.17}$$

の解である．ただし，$\nu = m - 1$ である．母集団 Π_i からの第一段階の標本平均と $N_i - m$ 個の追加標本の標本平均をもとに (1.15) で定義される推定量 $\tilde{X}_{i(N_i)}, i = 1, \ldots, k$ を構成し

$$\tilde{X}_{i(N_i)} > \mu_0 + d \tag{2.18}$$

ならば，母集団 Π_i を部分集合に含める．このとき次のことが成り立つ．

定理 2.4

標本数を (2.16) で定めた選択方法 (2.18) は (2.7) を満たす．

表 2.1 は，$k = 2, 3, \ldots, 10, m = 10, 12, \ldots, 20, P^* = 0.95$ のとき，方程式 (2.17) の解 $\tilde{\lambda}$ の値である．$m = \infty$ の値は，方程式 (2.9) の解 λ の値である．(2.17) より $\lim_{m\to\infty} \tilde{\lambda} = \lambda$ である．

【例題 2.6】 例題 2.4 を取り上げる．ただし，母分散の値は未知で等しいとは限らないとする．例題 2.5 の標本分散を用いて標本数を定める．

表 2.1 より $\tilde{\lambda} = 2.673$ であるので，$z = 1.5^2/2.673^2 = 0.3149$ となり，(2.16) より

$$N_1 = \max\left\{10+1, \left[\frac{8.2}{0.3149}\right]+1\right\} = 27,$$
$$N_2 = \max\left\{10+1, \left[\frac{10.4}{0.3149}\right]+1\right\} = 34,$$
$$N_3 = \max\left\{10+1, \left[\frac{6.3}{0.3149}\right]+1\right\} = 21,$$
$$N_2 = \max\left\{10+1, \left[\frac{7.6}{0.3149}\right]+1\right\} = 25$$

である．したがって，品種 A で $27 - 10 = 17$ 回，品種 B で $34 - 10 = 24$ 回，品種 C で $21 - 10 = 11$ 回，品種 D で $25 - 10 = 15$ 回の追加実験が必要である．

2.3 対照母集団がある場合

Π_0 を対照母集団とし，その母平均を μ_0（未知）とする．$k(\geq 2)$ 個の母集団 $\Pi_1, \ldots, \Pi_k$ の中でその母平均が，対照母集団の母平均以上の母集団を選択したい．選択基準は標準値がある場合と同様に (2.7) を満たす選択方法を構成する．

2.3.1 等分散の場合

母集団 $\Pi_0, \Pi_1, \ldots, \Pi_k$ の母集団分布は正規分布 $N(\mu_i, \sigma^2), i = 0, 1, \ldots, k$ とする．まず，母分散 σ^2 の値は既知とする．$d = \delta^*/2$ とし，各母集団からの標本数 n を

$$n = \left[\frac{\lambda^2\sigma^2}{d^2}\right] + 1 \tag{2.19}$$

とする．ここで，λ は次の方程式の解である．

$$\int_{-\infty}^{\infty} \Phi^l(x+\lambda)\Phi^{k-l}(-x+\lambda)\phi(x)dx = P^* \tag{2.20}$$

ただし

$$l = \begin{cases} \frac{k}{2} & (k\text{ が偶数}) \\ \frac{k+1}{2} & (k\text{ が奇数}) \end{cases} \tag{2.21}$$

である．$\Pi_0, \Pi_1, \ldots, \Pi_k$ から大きさ n の標本の標本平均を $\bar{X}_{0(n)}$, $\bar{X}_{1(n)}, \ldots, \bar{X}_{k(n)}$ とし

$$\bar{X}_{i(n)} > \bar{X}_{0(n)} + d \tag{2.22}$$

ならば，母集団 Π_i を部分集合に含める．このとき次のことが成り立つ．

定理 2.5

標本数を (2.19) で定めた選択方法 (2.22) は (2.7) を満たす．

表 2.2 で $m = \infty$ に対する λ_T の値が，$k = 2, 3, \ldots, 10, P^* = 0.95$ のと

表 2.2 λ_T $(P^* = 0.95)$

$m\backslash k$	2	3	4	5	6	7	8	9	10
10	2.902	3.091	3.230	3.324	3.404	3.467	3.523	3.570	3.613
12	2.878	3.070	3.211	3.308	3.389	3.453	3.510	3.558	3.601
14	2.861	3.056	3.198	3.296	3.379	3.444	3.501	3.550	3.594
16	2.849	3.045	3.189	3.288	3.371	3.437	3.495	3.544	3.588
18	2.840	3.037	3.182	3.281	3.365	3.431	3.490	3.539	3.584
20	2.832	3.031	3.176	3.276	3.361	3.427	3.486	3.535	3.581
∞	2.772	2.978	3.129	3.234	3.322	3.392	3.454	3.505	3.552

きの方程式 (2.20) の解 λ の値である．

【例題 2.7】 新しく開発した触媒 A_1, A_2, A_3, A_4 の中で，従来の触媒 A_0 より製品の強度を高めるものがあれば，それらを選びたい．ただし，強度を 3.0 以上高める触媒は必ず選択したい．$P^* = 0.95$，母分散の値は既知で $\sigma^2 = 2.0^2$ とする．

表 2.2 より $\lambda = 3.129$ であり，$d = 3.0/2 = 1.5$ であるので，(2.19) より実験回数は

$$n = \left[\frac{3.129^2 \times 2.0^2}{1.5^2}\right] + 1 = 18$$

となる．各触媒を用いて 18 個の製品をつくり，その強度の標本平均を求めたところ次の結果を得た．

A_0	A_1	A_2	A_3	A_4
22.2	18.5	31.3	23.4	19.5

(2.22) より標本平均が $22.2 + 1.5 = 23.7$ を超える触媒が選択される．したがって，A_2 が選択され，その強度は A_0 以上といえる．

次に，母分散 σ^2 の値は未知とする．二段階推測法を用いて (2.7) を満たす選択方法を求める．

第一段階の初期標本数を $m(\geq 2)$ とする．母集団 $\Pi_0, \Pi_1, \ldots, \Pi_k$ から m 個の初期標本の標本分散を $S_0^2, S_1^2, \ldots, S_k^2$ とし，σ^2 の値を

$$\hat{\sigma}^2 = \frac{1}{k+1} \sum_{i=0}^{k} S_i^2$$

で推定する．全標本数 N は，(2.19) で定義される標本数を推定する形で決定される．すなわち

$$N = \max\left\{ m, \left[\frac{\lambda_T^2 \hat{\sigma}^2}{d^2} \right] + 1 \right\} \tag{2.23}$$

である．ここで，$d = \delta^*/2$ であり，λ_T は次の方程式の解である．

$$\int_0^\infty \left\{ \int_{-\infty}^\infty \Phi^l \left(x + \lambda_T \sqrt{\frac{y}{\nu}} \right) \Phi^{k-l} \left(-x + \lambda_T \sqrt{\frac{y}{\nu}} \right) \phi(x) dx \right\} f_\nu(y) dy = P^* \tag{2.24}$$

ただし，$\nu = (k+1)(m-1)$ であり，整数 l は (2.21) で与えられる．$N > m$ ならば，第二段階に進み，各母集団から $N - m$ 個の標本を抽出する．第一段階と第二段階を合わせた標本の標本平均を $\bar{X}_{0(N)}, \bar{X}_{1(N)}, \ldots, \bar{X}_{k(N)}$ とし

$$\bar{X}_{i(N)} > \bar{X}_{0(N)} + d \tag{2.25}$$

ならば，母集団 Π_i を部分集合に含める．このとき次のことが成り立つ．

定理 2.6

標本数を (2.23) で定めた選択方法 (2.25) は (2.7) を満たす．

表 2.2 は，$k = 2, 3, \ldots, 10, m = 10, 12, \ldots, 20, P^* = 0.95$ のとき，方程式 (2.24) の解 λ_T の値である．$m = \infty$ の値は，方程式 (2.20) の解 λ の値である．(2.24) より $\lim_{m\to\infty} \lambda_T = \lambda$ である．

【例題 2.8】 例題 2.7 を取り上げる．ただし，母分散の値は共通であるが未知とする．各触媒で 10 回実験を行い，その強度の標本分散を以下の通りとする．

A_0	A_1	A_2	A_3	A_4
4.8	6.2	3.8	4.2	5.6

このとき

$$\hat{\sigma}^2 = \frac{4.8 + 6.2 + 3.8 + 4.2 + 5.6}{5} = 4.9$$

であり，表 2.2 より $\lambda_T = 3.230$ であるので，全標本数は (2.23) より

$$N = \max\left\{10, \left[\frac{3.230^2 \times 4.9}{1.5^2}\right] + 1\right\} = 23$$

である．したがって，さらに $23 - 10 = 13$ 回の追加実験が必要である．

2.3.2 母分散が一般の場合

母集団 Π_i の母集団分布は正規分布 $N(\mu_i, \sigma_i^2), i = 0, 1, \ldots, k$ とする．分散不均一法を適用して (2.7) を満たす選択方法を構成する．

まず，母分散の値は既知とする．母集団 Π_i からの標本数 n_i を

$$n_i = \max\left\{2, \left[\frac{\sigma_i^2}{z}\right] + 1\right\}, \quad i = 0, 1, \ldots, k \tag{2.26}$$

とする．ここで，$z = d^2/\lambda^2$ であり，$d = \delta^*/2$，λ は方程式 (2.20) の解である．母集団 Π_i からの n_i 個の標本をもとに (1.9) で定義される推定量 $\tilde{X}_i, i = 0, 1, \ldots, k$ を構成し

$$\tilde{X}_i > \tilde{X}_0 + d \tag{2.27}$$

ならば，母集団 Π_i を選択する．この選択方法は (2.7) を満たす（演習問題 2.10）．

次に，母分散の値は未知とする．初期標本数を $m(\geq 2)$ とし，母集団 Π_i からの大きさ m の初期標本の標本分散を S_i^2 とし，全標本数 N_i を

$$N_i = \max\left\{m + 1, \left[\frac{S_i^2}{z}\right] + 1\right\}, \quad i = 0, 1, \ldots, k \tag{2.28}$$

表 2.3　λ_D $(P^* = 0.95)$

$m\backslash k$	2	3	4	5	6	7	8	9	10
10	3.180	3.441	3.638	3.779	3.899	3.996	4.082	4.156	4.224
12	3.095	3.344	3.531	3.663	3.776	3.866	3.947	4.016	4.078
14	3.039	3.280	3.460	3.588	3.696	3.783	3.860	3.925	3.985
16	3.000	3.236	3.411	3.535	3.640	3.724	3.798	3.861	3.919
18	2.970	3.202	3.374	3.496	3.599	3.680	3.753	3.814	3.871
20	2.948	3.177	3.346	3.466	3.567	3.647	3.718	3.779	3.834
∞	2.772	2.978	3.129	3.234	3.322	3.392	3.454	3.505	3.552

とする．ここで，$z = d^2/\lambda_D^2$ であり，$d = \delta^*/2$，λ_D は次の方程式の解である．

$$\int_{-\infty}^{\infty} \Psi_\nu^l(x + \lambda_D)\Psi_\nu^{k-l}(-x + \lambda_D)\psi_\nu(x)dx = P^* \tag{2.29}$$

ただし，$\nu = m - 1$ であり，整数 l は (2.21) で与えられる．母集団 Π_i からの第一段階の標本平均と $N_i - m$ 個の追加標本の標本平均をもとに (1.15) で定義される推定量 $\tilde{X}_{i(N_i)}, i = 0, 1, \ldots, k$ を構成し

$$\tilde{X}_{i(N_i)} > \tilde{X}_{0(N_0)} + d \tag{2.30}$$

ならば，母集団 Π_i を部分集合に含める．このとき次のことが成り立つ．

定理 2.7

標本数を (2.28) で定めた選択方法 (2.30) は (2.7) を満たす．

表 2.3 は，$k = 2, 3, \ldots, 10, m = 10, 12, \ldots, 20, P^* = 0.95$ のとき，方程式 (2.29) の解 λ_D の値である．$m = \infty$ の値は，方程式 (2.20) の解 λ の値である．(2.29) より $\lim_{m\to\infty} \lambda_D = \lambda$ である．

【例題 2.9】　例題 2.7 を取り上げる．ただし，母分散の値は未知で等しいとは限らないとする．例題 2.8 の標本分散を用いる．表 2.3 より $\lambda_D = 3.638$ であるので，$z = 1.5^2/3.638^2 = 0.170$ となり，(2.28) より

$$N_0 = \max\left\{10+1, \left[\frac{4.8}{0.170}\right]+1\right\} = 29,$$
$$N_1 = \max\left\{10+1, \left[\frac{6.2}{0.170}\right]+1\right\} = 37,$$
$$N_2 = \max\left\{10+1, \left[\frac{3.8}{0.170}\right]+1\right\} = 23,$$
$$N_3 = \max\left\{10+1, \left[\frac{4.2}{0.170}\right]+1\right\} = 25,$$
$$N_4 = \max\left\{10+1, \left[\frac{5.6}{0.170}\right]+1\right\} = 33$$

である．したがって，A_0 で $29-10=19$ 回，A_1 で $37-10=27$ 回，A_2 で $23-10=13$ 回，A_3 で $25-10=15$ 回，A_4 で $33-10=23$ 回の追加実験が必要である．

2.4 演習問題

問 2.1 原材料 A_1, A_2, A_3, A_4 の中から一つを選択する前に，まず，ふるい分けを行うことにした (部分集合の選択)．その選択基準として製品の強度 (kg) を取り上げる．また，母分散は未知であるが等分散とする．それぞれの原材料で 20 個の製品をつくり強度を測定したところ次の結果を得た．ふるい分けを行いなさい ($P^* = 0.95$).

原材料	A_1	A_2	A_3	A_4
標本平均	135.4	146.2	148.2	129.4
標本分散	16.2	24.4	18.3	20.4

問 2.2 問 2.1 において母分散は一般として，ふるい分けを行いなさい．

問 2.3 5 人の砲丸投げの選手 A_1, A_2, A_3, A_4, A_5 の中から二次選考に進む選手を選抜したい．ただし，標準記録 22 m を超える必要があり，

23 m を超える選手は必ず選抜したい ($P^* = 0.95$). また，母分散は未知であるが等しいとする．二段階推測法を用いて選抜することにした．12 回のトライアルの標本分散が次の表である．トライアルの回数 N を決定しなさい．

A_1	A_2	A_3	A_4	A_5
0.8	0.4	1.0	0.5	0.6

N 回のトライアルの標本平均が下記の通りとする．選手を選抜しなさい．

A_1	A_2	A_3	A_4	A_5
21.5	19.8	23.5	24.2	22.4

問 2.4 問 2.3 において母分散は一般としたときの各選手のトライアルの回数を求めよ．

問 2.5 新しく開発した 3 つの薬 A_1, A_2, A_3 の中から，標準薬 A_0 よりも薬効が優れているものを選択したい．ただし，その薬効が標準薬より 3.0 以上効果があるときは必ず選択したい ($P^* = 0.95$). 母分散の値は未知であるが等しいとする．二段階推測法を用いて選択する．それぞれの薬を 14 名の患者に投与したときの薬効の標本分散が次の表である．実験回数 N を決定せよ．

A_0	A_1	A_2	A_3
4.6	5.0	4.1	3.8

N 回の実験の結果，その標本平均が下記の通りとする．薬を選択しなさい．

A_0	A_1	A_2	A_3
38.2	37.1	40.4	42.3

問 2.6　問 2.5 において母分散は一般として各薬の実験回数を求めよ．

問 2.7　選択方法 (2.4) は (2.1) を満たすことを示せ．

問 2.8　$\delta^* = 0$ とすると，選択方法 (2.8) の定数 d をどのように選んでも $P(\mathrm{CS})$ の最小値は 2^{-k} となることを示せ．

問 2.9　標本数を (2.14) で定めた選択方法 (2.15) は (2.7) を満たすことを示せ．

問 2.10　標本数を (2.26) で定めた選択方法 (2.27) は (2.7) を満たすことを示せ．

補注

最良母集団を含む部分集合の選択方法は Gupta [22] の論文が最初である (Gupta [23] を参照)．分散が一般の場合の選択方法として Gupta and Wong [27] の選択方法を解説した．Lam [32] は様々な選択方法を比較している．

標準値，対照母集団がある場合の部分集合の選択方法は Tong [55] の方法を解説したが，他の方法として Dunnett [18]，Gupta and Sobel [25] の選択方法がある．

第3章

その他の選択問題

本章では，比率，分散に関する選択問題，指数分布の母数に関する選択問題を説明する．また，多変量分布に関する選択問題，特に，多変量正規分布の最良成分，多項分布の最良カテゴリーの選択問題について解説する．

3.1　二項分布に関する選択

母集団 $\Pi_1, \ldots, \Pi_k$ は二項母集団，すなわち，各母集団の要素は，ある特性を有するか否かに分類され，母集団 Π_i におけるその特性を有する比率を $p_i (0 < p_i < 1), i = 1, \ldots, k$ とする．$p_1, \ldots, p_k$ の値は未知とし，$p_i = \max\{p_1, \ldots, p_k\}$ のとき母集団 Π_i を最良母集団とする．最良母集団の選択と最良母集団を含む部分集合の選択について説明する．$p_i = \min\{p_1, \ldots, p_k\}$ のとき母集団 Π_i を最良母集団とする場合も同様に行える．

3.1.1　最良母集団の選択

母集団 Π_i から大きさ n の標本中，特性を持つ度数を X_i とすると，X_i の分布は二項分布 $B(n, p_i), i = 1, \ldots, k$ である．選択方法は

$$X_i = \max\{X_1, \ldots, X_k\} \tag{3.1}$$

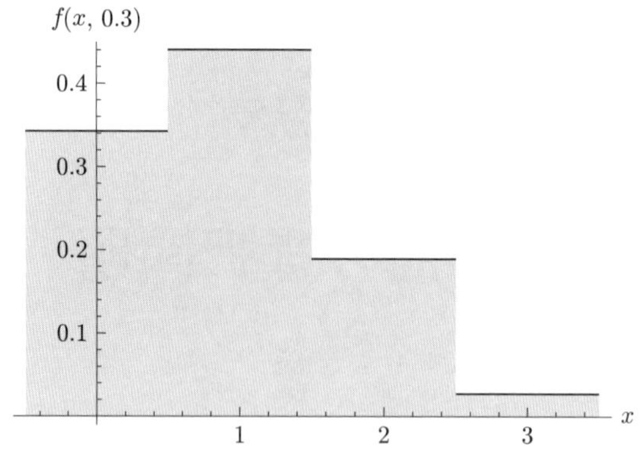

図 3.1 $B(3, 0.3)$ に対する連続型二項分布

ならば，母集団 Π_i を選択する．ただし，最大値をとる母集団が 2 つ以上ある場合は，その中の 1 つを無作為に選ぶ．このとき，正しい選択 (CS) の起こる確率 $P(\mathrm{CS})$ は，次のように表される．

$$
\begin{aligned}
P(\mathrm{CS}) &= P(X_{(i)} < X_{(k)}, i = 1, \ldots, k-1) \\
&\quad + \frac{1}{2}\sum_{\alpha=1}^{k-1} P(X_{(\alpha)} = X_{(k)}, X_{(i)} < X_{(k)},\ i = 1, \ldots, k-1, i \neq \alpha) \\
&\quad + \cdots + \frac{1}{k} P(X_{(1)} = \cdots = X_{(k)})
\end{aligned}
\tag{3.2}
$$

ここで，$X_{(i)}$ は，$p_1, \ldots, p_k$ を大きさの順に並べ替えた $p_{[1]} \leq \cdots \leq p_{[k]}$ において $p_{[i]}$ に対応する母集団からの標本中の特性の度数を表す．

$P(\mathrm{CS})$ の特性を調べるために，二項分布 $B(n, p)$ に対して，次の確率密度関数を持つ**連続型二項分布**を定義する．

$$
f(x, p) = \begin{cases} g(y(x), p), & -1/2 < x < n + 1/2 \\ 0, & \text{その他} \end{cases}
$$

ここで，$g(r, p) = {}_n\mathrm{C}_r p^r (1-p)^{n-r}, r = 0, 1, \ldots, n$ であり，$y(x)$ は，x に最も近い整数を表す．図 3.1 は二項分布 $B(3, 0.3)$ に対する連続型二項分布の確率密度関数 $f(x, 0.3)$ のグラフである．

母集団 Π_j を選択する確率 $P(\Pi_j)$ は，連続型二項分布の確率密度関数 $f(x, p)$ とその分布関数 $F(x, p)$ を用いると次のように表される（演習問題 3.11).

$$P(\Pi_j) = \int_{-1/2}^{n+1/2} \left\{ \prod_{i=1, i \neq j}^{k} F(x, p_i) \right\} f(x, p_j) dx \tag{3.3}$$

したがって，(3.2) の $P(\mathrm{CS})$ は

$$P(\mathrm{CS}) = \int_{-1/2}^{n+1/2} \left\{ \prod_{i=1}^{k-1} F(x, p_{[i]}) \right\} f(x, p_{[k]}) dx \tag{3.4}$$

と表すことができる．このとき次のことが成り立つ．

定理 3.1

$P(\mathrm{CS})$ は次の不等式を満たす．

$$P(\mathrm{CS}) \geq \frac{1}{k}$$

等号は，$p_1 = \cdots = p_k$ のとき成立する．

この結果から $P^*(1/k < P^* < 1)$ を与えたとき，$P(\mathrm{CS}) \geq P^*$ とするには，母数に制限が必要である．その方法として IZ 方式を用いる．すなわち，$\delta^*(0 < \delta^* < 1)$ を与え，$p_{[k]} - p_{[k-1]} \geq \delta^*$（重要領域）のとき

$$P(\mathrm{CS}) \geq P^* \tag{3.5}$$

を満たすように標本数 n を定める．そのために次の関数を用意する．

$$H(p) = \begin{cases} \dfrac{1}{k} \displaystyle\sum_{x=0}^{n} \dfrac{g(x,p)}{g(x,p-\delta^*)} (G^k(x, p-\delta^*) - G^k(x-1, p-\delta^*)), & p > \delta^* \\ 1 - \dfrac{k-1}{k} g(0, \delta^*), & p = \delta^* \end{cases}$$

ここで，$g(x,p), G(x,p)$ は二項分布 $B(n,p)$ の確率関数，分布関数を表す．すなわち，X を二項分布 $B(n,p)$ に従う確率変数とすると，$g(x,p) = P(X = x), G(x,p) = P(X \leq x)$ である．このとき次のことが成り立つ．

表 3.1 n $(P^* = 0.95)$

$\delta^* \backslash k$	2	3	4	5	6	7	8	9	10
0.05	541	734	850	933	997	1050	1095	1134	1168
0.10	135	183	212	233	249	262	273	283	291
0.15	60	81	94	103	110	116	121	125	129
0.20	34	46	53	58	62	65	68	70	72

定理 3.2

$p_{[k]} - p_{[k-1]} \geq \delta^*$ のとき

$$P(\mathrm{CS}) \geq H(p_{[k]})$$

である．等号は，$p_{[1]} = \cdots = p_{[k-1]} = p_{[k]} - \delta^*$ のときに成立する．

定理から，標本数 n を

$$\min_{\delta^* \leq p \leq 1} H(p) \geq P^* \tag{3.6}$$

を満たすように定めると (3.5) が満たされる．

表 3.1 は，$k = 2, 3, \ldots, 10, \delta^* = 0.05, 0.10, 0.15, 0.20, P^* = 0.95$ のとき (3.6) を満たす標本数 n である．

この選択問題に CS 方式を適用すると，$\delta^*(0 < \delta^* < 1)$ と $P^*(1/k < P^* < 1)$ を与え

$$P(p_{[k]} - \delta^* < p_S \leq p_{[k]}) \geq P^*$$

を満たす標本数 n を定める．ただし，p_S は選択された母集団の母比率とする．(3.5) を満たす標本数 n はこの条件を満たす（付録 A 定理 A.16）．

【例題 3.1】 ある疾患に関する 5 つの治療薬 $\mathrm{A}_1, \mathrm{A}_2, \mathrm{A}_3, \mathrm{A}_4, \mathrm{A}_5$ の中で最も治癒率の高い薬を選択したい．$\delta^* = 0.05, P^* = 0.95$ とする．標本数は表 3.1 より，$n = 933$ である．各薬をそれぞれ 933 人の患者に投与し，一定期間後に完治した人数を調べたのが次の表である．

A_1	A_2	A_3	A_4	A_5
630	760	782	680	565

この結果，治療薬 A_3 が選択される．このとき A_3 が最良の治療薬であるか，悪くても，最良の治療薬との治癒率の差は 5% 以下であるといえる（信頼度 95%）．

$P(\mathrm{CS})$ を最小にする母比率 (LFC) についてはわかっていないが，標本数が大であるとき LFC は

$$p_{[1]} = \cdots = p_{[k-1]} = \frac{1-\delta^*}{2}, \quad p_{[k]} = \frac{1+\delta^*}{2} \tag{3.7}$$

に近い値をとる．このことと二項分布の正規近似を用いると，(3.5) を満たす標本数の近似式が得られる．

定理 3.3

LFC として (3.7) を用いると，標本数

$$n = \left[\frac{(1-\delta^{*2})\tau^2}{4\delta^{*2}}\right] + 1 \tag{3.8}$$

は，近似的であるが (3.5) を満たす．ここで，τ は次の方程式の解である．

$$\int_{-\infty}^{\infty} \Phi^{k-1}(x+\tau)\phi(x)dx = P^* \tag{3.9}$$

$P^* = 0.95$ のとき τ の値は，表 1.1 において，$m = \infty$ の h の値である．例えば，$k = 5, \delta^* = 0.1, P^* = 0.95$ のとき，(3.8) により標本数を求めると，表 1.1 より $\tau = 3.056$ であるので

$$n = \left[\frac{(1-0.1^2) \times 3.056^2}{4 \times 0.1^2}\right] + 1 = 232$$

であり，実際の値は表 3.1 より，$n = 233$ である．かなりよい近似式であることがわかる．

注意 3.1
IZ 方式の重要領域として，$p_{[k]} \geq p_{[k-1]}/\delta^*(0 < \delta^* < 1)$ を採用することもできる．また，CS 方式を適用すると

$$P(\delta^* p_{[k]} < p_S \leq p_{[k]}) \geq P^*$$

である．2 つの方式で定めた標本数は同じである（付録 A 定理 A.16）．

3.1.2　部分集合の選択

最良母集団を含む部分集合の選択について説明する．母集団 Π_i から大きさ n の標本中，特性を持つ度数を $X_i, i = 1, \ldots, k$ とし，それらの最大値を $X_{[k]}$ とする．選択方法は

$$X_i \geq X_{[k]} - d \tag{3.10}$$

ならば，母集団 Π_i を部分集合に含める．ここで，d は正の整数である．このとき，その選択が正しい (CS) とは，部分集合に最良母集団が含まれるときをいう．$P^*(0 < P^* < 1)$ を与え，正の整数 d を

$$P(\mathrm{CS}) \geq P^* \tag{3.11}$$

を満たすように定める．そのために次の関数を用意する．

$$Q(p, d) = \sum_{x=0}^{n} g(x, p) G^{k-1}(\min(x + d, n), p)$$

このとき次のことが成り立つ．

定理 3.4

$P(\mathrm{CS})$ に関して次の不等式が成り立つ．

$$P(\mathrm{CS}) \geq Q(p_{[k]}, d)$$

等号は，$p_1 = \cdots = p_k$ のとき成り立つ．

表 3.2　d $(P^* = 0.95)$

$n \backslash k$	2	3	4	5	6	7	8	9	10
20	5	6	6	7	7	7	7	7	8
30	6	7	8	8	9	9	9	9	9
40	7	9	9	10	10	10	10	11	11
50	8	10	10	11	11	11	12	12	12
60	9	10	11	12	12	13	13	13	13
100	12	14	15	15	16	16	17	17	17

この定理から正の整数 d を

$$\min_{0 \le p \le 1} Q(p, d) \ge P^* \tag{3.12}$$

を満たすように定めれば (3.11) が満たされる．表 3.2 は，$k = 2, 3, \ldots, 10$, $n = 20, 30, \ldots, 60, 100$, $P^* = 0.95$ のとき (3.12) を満たす正の整数 d の値である．

【例題 3.2】　射撃コンテストで，8 人の選手 $\mathrm{A}_1, \ldots, \mathrm{A}_8$ から，最終審査に残る人を選出したい．ただし，$P^* = 0.95$ とする．各自 100 回射撃して命中した回数が次の表である．

A_1	A_2	A_3	A_4	A_5	A_6	A_7	A_8
78	92	96	72	98	80	77	79

表 3.2 より $d = 17$ であり，$X_{[8]} = 98$ であるので，(3.10) より，命中した回数が

$$X_{[8]} - d = 98 - 17 = 81$$

回以上の人が選出される．したがって，最終審査に残る人は，$\mathrm{A}_2, \mathrm{A}_3, \mathrm{A}_5$ の 3 人である．

次に，(3.11) を満たす正の整数 d の値を二項分布の正規近似をもとに求める．

定理 3.5

選択方法 (3.10) の整数 d を

$$d = \left[\frac{\sqrt{n}\tau - 1}{2}\right] + 1 \tag{3.13}$$

と定めると，近似的ではあるが (3.11) を満たす．ここで，τ は方程式 (3.9) の解である．

例えば，$k = 5, n = 50, P^* = 0.95$ のときに，(3.13) により正の整数 d を求めると，表 1.1 より $\tau = 3.056$ であるので

$$d = \left[\frac{\sqrt{50} \times 3.056 - 1}{2}\right] + 1 = 11$$

となる．表 3.2 より得られる値と一致している．

3.2 正規分布の分散に関する選択

k 個の母集団 $\Pi_1, \ldots, \Pi_k$ の母集団分布は正規分布 $N(\mu_i, \sigma_i^2), i = 1, \ldots, k$ とし，母平均，母分散は未知とする．母分散 $\sigma_1^2, \ldots, \sigma_k^2$ を大きさの順に並べ替えた値を $\sigma_{[1]}^2 \leq \cdots \leq \sigma_{[k]}^2$ とし，$\sigma_{[1]}^2$ を母分散に持つ母集団を最良母集団とする．最良母集団の選択と最良母集団を含む部分集合の選択について説明する．

3.2.1 最良母集団の選択

母集団 $\Pi_1, \ldots, \Pi_k$ から大きさ n の標本の標本分散を $S_1^2, \ldots, S_k^2$ とする．選択方法は

$$S_i^2 = \min\{S_1^2, \ldots, S_k^2\} \tag{3.14}$$

ならば，母集団 Π_i を選択する．このとき，正しい選択 (CS) の起こる確率を求める．$S_{(i)}^2$ は $\sigma_{[i]}^2$ に対応する母集団からの標本分散とすると

$$P(\mathrm{CS}) = P(S_{(1)}^2 \leq S_{(i)}^2, i = 2, \ldots, k)$$
$$= P\left(W_1 \frac{\sigma_{[1]}^2}{\sigma_{[i]}^2} \leq W_i, i = 2, \ldots, k\right)$$

である．ここで，$W_i = (n-1)S_{(i)}^2/\sigma_{[i]}^2, i = 1, \ldots, k$ である．$W_i, i = 1, \ldots, k$ は互いに独立で，その確率分布は自由度 $\nu = n-1$ のカイ二乗分布である．したがって

$$P(\mathrm{CS}) = \int_0^\infty \left\{ \prod_{i=2}^k \left(1 - F_\nu \left(x \frac{\sigma_{[1]}^2}{\sigma_{[i]}^2}\right)\right)\right\} f_\nu(x) dx \qquad (3.15)$$

と表すことができる．ここで，$F_\nu(x), f_\nu(x)$ は自由度 ν のカイ二乗分布の分布関数，確率密度関数である．ゆえに

$$P(\mathrm{CS}) \geq \int_0^\infty (1 - F_\nu(x))^{k-1} f_\nu(x) dx = \frac{1}{k}$$

となり，等号は，$\sigma_1^2 = \cdots = \sigma_k^2$ のときに成立する．このことから $P(\mathrm{CS})$ の値を与えられた $P^*(> 1/k)$ 以上にするには，母分散に制限をおかなければならない．その方法として IZ 方式を採用する．

$\Delta^*(0 < \Delta^* < 1)$ を与え，$\sigma_{[1]} \leq \Delta^* \sigma_{[2]}$（重要領域）のとき

$$P(\mathrm{CS}) \geq P^* \qquad (3.16)$$

を満たすように標本数 n を定める．$\sigma_{[1]} \leq \Delta^* \sigma_{[2]}$ のとき，(3.15) より

$$P(\mathrm{CS}) \geq \int_0^\infty (1 - F_\nu(\Delta^{*2} x))^{k-1} f_\nu(x) dx$$

となる．等号は，$\sigma_{[1]} = \Delta^* \sigma_{[2]}, \sigma_{[2]} = \cdots = \sigma_{[k]}$ (LFC) のとき成立する．したがって，標本数 n を次の不等式を満たすように定めると (3.16) が満たされる．

$$\int_0^\infty (1 - F_\nu(\Delta^{*2} x))^{k-1} f_\nu(x) dx \geq P^* \qquad (3.17)$$

表 3.3 は，$k = 2, 3, \ldots, 10, \Delta^* = 0.3, 0.4, \ldots, 0.8, P^* = 0.95$ のとき，(3.17) を満たす標本数 n である．

表 **3.3**　n $(P^* = 0.95)$

$\Delta^* \backslash k$	2	3	4	5	6	7	8	9	10
0.3	4	5	6	6	6	7	7	7	7
0.4	6	7	8	9	9	9	10	10	10
0.5	8	10	12	13	14	14	15	15	16
0.6	13	17	19	21	23	24	25	26	26
0.7	24	32	37	40	43	46	47	49	51
0.8	57	77	89	98	105	111	115	120	123

CS 方式を適用すると，$\Delta^*(0 < \Delta^* < 1)$ と $P^*(1/k < P^* < 1)$ を与え

$$P\left(1 \leq \frac{\sigma_S}{\sigma_{[1]}} < \frac{1}{\Delta^*}\right) \geq P^* \tag{3.18}$$

を満たす標本数を定める．ここで，σ_S は選択された母集団の標準偏差である．このとき (3.16) を満たす標本数は (3.18) を満たす（付録 A 定理 A.15）．

【例題 3.3】　ある織物を洗剤で洗濯するとき，5 種類の設定温度 $\mathrm{A}_1, \mathrm{A}_2, \mathrm{A}_3, \mathrm{A}_4, \mathrm{A}_5$ の中で，どの温度が，ちぢみの割合（%）の変動を小さくするかを決定したい．$\Delta^* = 0.7, P^* = 0.95$ とする．表 3.3 より，$n = 40$ となる．各設定温度で 40 回洗濯し，ちぢみの割合の標本分散を求めたのが次の表である．

A_1	A_2	A_3	A_4	A_5
2.4	3.2	6.5	4.1	3.2

この結果，(3.14) より A_1 が選択される．A_1 の標準偏差が最も小さいか，悪くても，その標準偏差と最小の標準偏差との比は $1/\Delta^* = 1/0.7 = 1.43$ 以下である（信頼度 95%）．

次に，(3.16) を満たす標本数 n をカイ二乗分布の正規近似をもとに求める．

定理 3.6

選択方法 (3.14) の標本数 n を

$$n = \left[\frac{\tau^2}{2(\log\Delta^*)^2}\right] + 2 \tag{3.19}$$

とすると，近似的ではあるが (3.16) を満たす．ここで，τ は方程式 (3.9) の解である．

例えば，$k = 5, \Delta^* = 0.7, P^* = 0.95$ として，(3.19) を適用すると，表 1.1 より $\tau = 3.056$ であるので

$$n = \left[\frac{3.056^2}{2(\log 0.7)^2}\right] + 2 = 38$$

である．正確な標本数は表 3.3 より $n = 40$ である．

3.2.2　部分集合の選択

最良母集団を含む部分集合の選択方法について解説する．選択方法が正しい選択 (CS) とは，選ばれた部分集合に最良母集団が含まれる場合をいう．$P^*(0 < P^* < 1)$ を与え

$$P(\mathrm{CS}) \geq P^* \tag{3.20}$$

を満たす選択方法を構成する．

母集団 $\Pi_1, \ldots, \Pi_k$ から大きさ n の標本の標本分散を $S_1^2, \ldots, S_k^2$ とし，その最小値を $S_{[1]}^2$ とする．選択方法は

$$S_i^2 \leq \frac{S_{[1]}^2}{c} \tag{3.21}$$

ならば，母集団 Π_i を部分集合に含める．ただし，$c\,(0 < c < 1)$ は定数である．このとき，$\sigma_{[i]}^2$ に対応する母集団からの標本分散を $S_{(i)}^2$ とすると

表 3.4 c $(P^* = 0.95)$

$n\backslash k$	2	3	4	5	6	7	8	9	10
10	0.314	0.252	0.223	0.204	0.192	0.182	0.174	0.168	0.162
12	0.354	0.292	0.262	0.243	0.230	0.219	0.211	0.204	0.199
14	0.388	0.325	0.295	0.276	0.262	0.252	0.243	0.236	0.230
16	0.416	0.354	0.324	0.304	0.291	0.280	0.271	0.264	0.258
18	0.440	0.379	0.349	0.329	0.316	0.305	0.296	0.289	0.283
20	0.461	0.040	0.371	0.352	0.338	0.327	0.318	0.311	0.305

$$
\begin{aligned}
P(\mathrm{CS}) &= P\left(S_{(1)}^2 \le \frac{S_{[1]}^2}{c}\right) \\
&= P\left(S_{(1)}^2 \le \frac{S_{(i)}^2}{c}, i = 2, \ldots, k\right) \\
&= P\left(c\frac{\sigma_{[1]}^2}{\sigma_{[i]}^2} W_1 \le W_i, i = 2, \ldots, k\right) \\
&\ge P\left(cW_1 \le W_i, i = 2, \ldots, k\right) \\
&= \int_0^\infty (1 - F_\nu(cx))^{k-1} f_\nu(x) dx
\end{aligned}
$$

である．ただし，$\nu = n - 1$ である．したがって，定数 c を方程式

$$
\int_0^\infty (1 - F_\nu(cx))^{k-1} f_\nu(x) dx = P^* \tag{3.22}
$$

の解とすると (3.20) が満たされる．表 3.4 は，$k = 2, 3, \ldots, 10, n = 10, 12, \ldots, 20, P^* = 0.95$ のとき，方程式 (3.22) の解 c の値である．

【例題 3.4】 5つの測定器 $\mathrm{A}_1, \mathrm{A}_2, \mathrm{A}_3, \mathrm{A}_4, \mathrm{A}_5$ を用いて，ある物質を 20 回測定したときの標本分散は下記の通りであった．

A_1	A_2	A_3	A_4	A_5
12.9	8.7	4.3	13.0	7.6

その標準偏差が最小となる測定器を含む部分集合を選択したい．ただし，$P^* = 0.95$ とする．

$S_{[1]}^2 = 4.3$ である．表 3.4 より $c = 0.352$ であるので，(3.21) より標本分散が

$$\frac{4.3}{0.352} = 12.2$$

以下の測定器は選択される．したがって，$\mathrm{A}_2, \mathrm{A}_3, \mathrm{A}_5$ が選択される．

次に，(3.20) を満たす定数 c の値をカイ二乗分布の正規近似をもとに求める．

定理 3.7

選択方法 (3.21) の定数 c を

$$c = \exp\left(-\frac{\tau}{\sqrt{(n-1)/2}}\right) \tag{3.23}$$

と定めると，近似的ではあるが (3.20) を満たす．ここで，$\exp(x) = e^x$ であり，τ は方程式 (3.9) の解である．

例えば，$k = 5, n = 20, P^* = 0.95$ のとき，(3.23) を用いると，表 1.1 より $\tau = 3.056$ であるので

$$c = \exp\left(-\frac{3.056}{\sqrt{(20-1)/2}}\right) = 0.371$$

であり，実際の値は表 3.4 より $c = 0.352$ である．

3.3 指数分布に関する選択

次の確率密度関数を持つ確率分布を指数分布といい，記号 $Exp(\mu, \sigma)$ で表す．

$$f(x) = \begin{cases} \dfrac{1}{\sigma}\exp\left(-\dfrac{x-\mu}{\sigma}\right), & x > \mu \\ 0, & x \leq \mu \end{cases}$$

このとき，μ を位置母数，$\sigma(>0)$ を尺度母数という．指数分布は，例えば，製品の寿命を表すときに用いられる．また，μ は閾値ともよばれる．

$k(\geq 2)$ 個の母集団 $\Pi_1,\ldots,\Pi_k$ の母集団分布は指数分布 $Exp(\mu_i,\sigma_i)$, $i=1,\ldots,k$ とする．位置母数 $\mu_1,\ldots,\mu_k$ の値は未知とし，大きさの順に並べ替えた値を $\mu_{[1]}\leq\cdots\leq\mu_{[k]}$ とする．このとき $\mu_{[k]}$ を位置母数に持つ母集団を最良母集団とする．最良母集団の選択と最良母集団を含む部分集合の選択について説明する．

3.3.1 最良母集団の選択

最初に各母集団の尺度母数は共通で，その値を σ とする．$X_{i1},\ldots,X_{in}$ を母集団 Π_i からの大きさ n の標本とし，その最小値を $X_{i[n]}, i=1,\ldots,k$ とする．選択方法は

$$X_{i[n]}=\max\{X_{1[n]},\ldots,X_{k[n]}\}$$

ならば，母集団 Π_i を選択する．このとき，正しい選択 (CS) の起こる確率 $P(\mathrm{CS})$ を求める．$\mu_{[i]}$ を位置母数に持つ母集団からの標本の最小値を $X_{(i)}$ とし，$Y_i=2n(X_{(i)}-\mu_{[i]})/\sigma, i=1,\ldots,k$ とおく．$Y_i, i=1,\ldots,k$ の分布は自由度 2 のカイ二乗分布（付録 A 定理 A.7）であるので

$$\begin{aligned}
P(\mathrm{CS})&=P(X_{(k)}>X_{(i)}, i=1,\ldots,k-1)\\
&=P\left(\frac{2n(X_{(k)}-\mu_{[k]})}{\sigma}+\frac{2n(\mu_{[k]}-\mu_{[i]})}{\sigma}>\frac{2n(X_{(i)}-\mu_{[i]})}{\sigma},\right.\\
&\hspace{8em}\left. i=1,\ldots,k-1\right)\\
&=P\left(Y_k+\frac{2n(\mu_{[k]}-\mu_{[i]})}{\sigma}>Y_i, i=1,\ldots,k-1\right)\\
&=\int_0^\infty\left\{\prod_{i=1}^{k-1}F_2\left(x+\frac{2n(\mu_{[k]}-\mu_{[i]})}{\sigma}\right)\right\}f_2(x)dx\\
&\geq\int_0^\infty F_2^{k-1}(x)f_2(x)dx=\frac{1}{k}
\end{aligned}\tag{3.24}$$

となる．等号は，$\mu_1=\cdots=\mu_k$ のとき成立する．このことから，$P(\mathrm{CS})$

を与えられた $P^*(1/k < P^* < 1)$ 以上にするには，位置母数に制限をおかなければならない．その方法として IZ 方式を用いる．

$\delta^*(>0)$ を与え，$\mu_{[k]} - \mu_{[k-1]} \geq \delta^*$（重要領域）のとき

$$P(\mathrm{CS}) \geq P^* \tag{3.25}$$

を満たすように標本数 n を定める．

尺度母数 σ の値は既知とする．(3.24) より $\mu_{[k]} - \mu_{[k-1]} \geq \delta^*$ のとき

$$P(\mathrm{CS}) \geq \int_0^\infty F_2^{k-1}\left(x + \frac{2n\delta^*}{\sigma}\right) f_2(x)dx$$

となり，等号は，$\mu_{[1]} = \cdots = \mu_{[k-1]} = \mu_{[k]} - \delta^*$ (LFC) のとき成立する．τ を次の方程式の解とする．

$$\int_0^\infty F_2^{k-1}(x+\tau) f_2(x)dx = P^* \tag{3.26}$$

このとき，標本数 n が $2n\delta^*/\sigma \geq \tau$ を満たせば $P(\mathrm{CS}) \geq P^*$ となるので，標本数 n を

$$n = \left[\frac{\tau\sigma}{2\delta^*}\right] + 1$$

とすれば，(3.25) が満たされる．表 3.5 で $m = \infty$ のときの値が，$k = 2, 3, \ldots, 10, P^* = 0.95$ のとき，方程式 (3.26) の解 τ である．

CS 方式を用いると，$\delta^*(>0)$ と $P^*(1/k < P^* < 1)$ を与え

$$P(\mu_{[k]} - \delta^* < \mu_S \leq \mu_{[k]}) \geq P^* \tag{3.27}$$

を満たす標本数を選ぶ．ここで，μ_S は選択された母集団の位置母数を表す．(3.25) を満たす標本数は (3.27) を満たす（付録 A 定理 A.15）．

次に，尺度母数 σ の値は未知とする．この場合，標本数を固定しては，(3.25) を満たす選択方法は構成できない（付録 A 定理 A.3）．二段階推測法を用いて，標本数の決定と選択方法を構成する．

母集団 Π_i からの $m(\geq 2)$ 個の初期標本を $X_{i1}, \ldots, X_{im}$ とし

$$U_i = \frac{1}{m-1}\sum_{j=1}^{m}(X_{ij} - X_{i[m]}), \quad i = 1, \ldots, k$$

とする．σ の値を

$$\hat{\sigma} = \frac{1}{k}\sum_{i=1}^{k} U_i$$

で推定する．全標本数を

$$N = \max\left\{m, \left[\frac{h\hat{\sigma}}{2\delta^*}\right] + 1\right\} \tag{3.28}$$

とする．ただし，定数 h は次の方程式の解である．

$$\int_0^\infty \left\{\int_0^\infty F_2^{k-1}\left(x + h\frac{y}{\nu}\right) f_2(x)dx\right\} f_\nu(y)dy = P^* \tag{3.29}$$

ここで，$\nu = 2k(m-1)$ である．$N > m$ ならば，第二段階に進み，残りの $N-m$ 個の標本を各母集団から抽出する．各母集団からの N 個の標本の最小値を $X_{i[N]}, i = 1, \ldots, k$ とし

$$X_{i[N]} = \max\{X_{1[N]}, \ldots, X_{k[N]}\} \tag{3.30}$$

ならば，母集団 Π_i を選択する．このとき次のことが成り立つ．

定理 3.8

標本数を (3.28) で定めた選択方法 (3.30) は (3.25) を満たす．

表 3.5 は，$k = 2, 3, \ldots, 10, m = 10, 12, \ldots, 20, P^* = 0.95$ のとき方程式 (3.29) の解 h の値である．$m = \infty$ の値は，方程式 (3.26) の解 τ である．(3.29) より $\lim_{m\to\infty} h = \tau$ が示される．

【例題 3.5】 ある食品の保存に用いられる 4 種類の防腐剤 A, B, C, D の中で腐敗が始まる時間（閾値）が最も遅い防腐剤を選択したい．$\delta^* = 3.0, P^* = 0.95$ とし，腐敗が始まる時間の分布は指数分布を仮定する．ただし，尺度母数は未知であるが，共通とする．初期標本数を $m = 10$ と

表 3.5 h $(P^* = 0.95)$

$m\backslash k$	2	3	4	5	6	7	8	9	10
10	4.913	6.285	7.067	7.616	8.038	8.383	8.675	8.927	9.150
12	4.855	6.224	7.010	7.562	7.989	8.337	8.631	8.886	9.111
14	4.816	6.182	6.970	7.525	7.955	8.305	8.601	8.858	9.085
16	4.787	6.152	6.941	7.499	7.930	8.282	8.580	8.837	9.065
18	4.765	6.128	6.919	7.478	7.911	8.264	8.563	8.822	9.050
20	4.748	6.110	6.902	7.462	7.896	8.250	8.550	8.809	9.039
∞	4.606	5.958	6.757	7.327	7.770	8.132	8.439	8.705	8.939

し，各防腐剤で 10 回実験し，U_i の値を求めたのが下記の表である．

A	B	C	D
12.5	14.8	16.5	15.2

このとき

$$\hat{\sigma} = \frac{12.5 + 14.8 + 16.5 + 15.2}{4} = 14.75$$

であり，表 3.5 より $h = 7.067$ であるので，(3.28) より

$$N = \max\left\{10, \left[\frac{7.067 \times 14.75}{2 \times 3.0}\right] + 1\right\} = 18$$

となる．すなわち各防腐剤で，さらに，$N - m = 18 - 10 = 8$ 回の実験が必要である．全 18 回の実験データにおける各防腐剤の最小値が下記の数値とする．

A	B	C	D
250	304	267	246

このとき，B が選択される．B が腐敗の始まる時間を最も遅らせるか，最も遅らせる防腐剤と比べて，その差は 3 時間以内である．

最後に，尺度母数は未知で等しいとは限らない場合を取り上げる．二段階推測法を用いて，標本数の決定と選択方法を構成する．

母集団 Π_i からの $m(\geq 2)$ 個の初期標本を $X_{i1}, \ldots, X_{im}$ とし，$U_i, i =$

$1,\ldots,k$ を求める．母集団 Π_i からの全標本数を

$$N_i = \max\left\{m, \left[\frac{\gamma U_i}{\delta^*}\right] + 1\right\}, \quad i = 1,\ldots,k \tag{3.31}$$

とする．ただし

$$\gamma = (m-1)\left\{\left(\frac{k-1}{1-P^*}\right)^{\frac{1}{m-1}} - 1\right\} \tag{3.32}$$

である．$N_i > m$ ならば，第二段階に進み，残りの $N_i - m$ 個の標本を母集団 Π_i から抽出する．母集団 Π_i からの N_i 個の標本の最小値を $X_{i[N_i]}$, $i = 1,\ldots,k$ とし

$$X_{i[N_i]} = \max\{X_{1[N_1]},\ldots,X_{k[N_k]}\} \tag{3.33}$$

ならば，母集団 Π_i を選択する．このとき次のことが成り立つ．

定理 3.9

各母集団からの標本数を (3.31) で定めた選択方法 (3.33) は (3.25) を満たす．

【例題 3.6】 例題 3.5 を取り上げる．ただし，尺度母数は等しいとは限らないとする．U_i の値は例題 3.5 の数値を用いる．このとき各防腐剤での実験回数を求めよう．

(3.32) より $\gamma = 5.185$ であるので

$$N_1 = \max\left\{10, \left[\frac{5.185 \times 12.5}{3.0}\right] + 1\right\} = 22,$$

$$N_2 = \max\left\{10, \left[\frac{5.185 \times 14.8}{3.0}\right] + 1\right\} = 26,$$

$$N_3 = \max\left\{10, \left[\frac{5.185 \times 16.5}{3.0}\right] + 1\right\} = 29,$$

$$N_4 = \max\left\{10, \left[\frac{5.185 \times 15.2}{3.0}\right] + 1\right\} = 27$$

である．したがって，A で $22 - 10 = 12$ 回，B で $26 - 10 = 16$ 回，C で

$29 - 10 = 19$ 回，D で $27 - 10 = 17$ 回の追加実験が必要である．

3.3.2　部分集合の選択

最良母集団を含む部分集合の選択について解説する．正しい選択 (CS) とは，選ばれた部分集合に最良母集団が含まれる場合をいう．$P^*(1/k < P^* < 1)$ を与え

$$P(\mathrm{CS}) \geq P^* \tag{3.34}$$

を満たす選択方法を構成する．

最初に各母集団の尺度母数は共通で，その値を σ とする．母集団 Π_i からの大きさ n の標本の最小値を $X_{i[n]}, i = 1, \ldots, k$ とし，$X_{[k]} = \max\{X_{1[n]}, \ldots, X_{k[n]}\}$ とする．σ の値が既知であるとき

$$X_{i[n]} > X_{[k]} - \frac{\tau\sigma}{2n} \tag{3.35}$$

ならば，母集団 Π_i を部分集合に含める．ここで，τ は方程式 (3.26) の解である．$\mu_{[i]}$ を位置母数に持つ母集団からの標本の最小値を $X_{(i)}$ とし，$Y_i = 2n(X_{(i)} - \mu_{[i]})/\sigma, i = 1, \ldots, k$ とおくと，この選択方法の $P(\mathrm{CS})$ は

$$\begin{aligned}
P(\mathrm{CS}) &= P\left(X_{(k)} > X_{[k]} - \frac{\tau\sigma}{2n}\right) \\
&= P\left(X_{(k)} > X_{(i)} - \frac{\tau\sigma}{2n}, i = 1, \ldots, k-1\right) \\
&= P\left(Y_k + \frac{2n(\mu_{[k]} - \mu_{[i]})}{\sigma} + \tau > Y_i, i = 1, \ldots, k-1\right) \\
&\geq P(Y_k + \tau > Y_i, i = 1, \ldots, k-1) \\
&= \int_0^\infty F_2^{k-1}(x + \tau) f_2(x) dx = P^*
\end{aligned}$$

となる．したがって，選択方法 (3.35) は (3.34) を満たす．

次に，σ の値は未知とする．母集団 Π_i からの大きさ n の標本から，$U_i, i = 1, \ldots, k$ を求め，σ の値を $\hat{\sigma} = \sum_{i=1}^k U_i/k$ で推定する．このとき

$$X_{i[n]} > X_{[k]} - \frac{h\hat{\sigma}}{2n} \tag{3.36}$$

ならば，母集団 Π_i を部分集合に含める．ここで，h は方程式 (3.29) の解である $(m = n)$．このとき次のことが成り立つ．

定理 3.10

選択方法 (3.36) は (3.34) を満たす．

【例題 3.7】 ある食品を常温で保存すると変色が起こる．その変色が始まる時間（閾値）を遅らせるために，6 種類の添加剤 A, B, C, D, E, F を開発した．閾値が最も長い添加剤を含む部分集合を選択したい．ただし，$P^* = 0.95$ とし，変色が始まる時間の分布は指数分布を仮定し，その尺度母数は未知であるが，共通とする．それぞれの添加剤で 12 回実験し，そのデータから最小値と U_i の値を求めたのが下記の表である．

添加剤	A	B	C	D	E	F
最小値	124	160	135	140	152	164
U_i	16.8	14.2	16.4	13.1	18.4	15.3

$X_{[6]} = 164$ であり

$$\hat{\sigma} = \frac{16.8 + 14.2 + 16.4 + 13.1 + 18.4 + 15.3}{6} = 15.7$$

である．表 3.5 より $h = 7.989$ であるので，(3.36) より最小値が

$$164 - \frac{7.989 \times 15.7}{2 \times 12} = 158.8$$

以上の添加剤が選択される．したがって，B と F が選択される．

次に，尺度母数は未知で等しいとは限らないとする．

$$X_{i[n]} > X_{[k]} - \frac{\gamma \max_{i=1,\ldots,k} U_i}{n} \tag{3.37}$$

ならば，母集団 Π_i を部分集合に含める．ここで，定数 γ は (3.32) である $(m = n)$．このとき次のことが成り立つ．

定理 3.11

選択方法 (3.37) は (3.34) を満たす.

【例題 3.8】 例題 3.7 を取り上げる. ただし, 尺度母数は等しいとは限らないとする. (3.32) より $\gamma = 5.719$ であり, $\max_{i=1,\ldots,6} U_i = 18.4$ であるので, (3.37) より, 最小値が

$$164 - \frac{5.719 \times 18.4}{12} = 155.2$$

以上の添加剤が選択される. したがって, この場合も B と F が選択される.

注意 3.2

指数分布 $Exp(\mu, \sigma)$ の尺度母数 σ に関する最良母集団の選択, 部分集合の選択は $2(n-1)U_i/\sigma, i = 1, \ldots, k$ が, 互いに独立に自由度 $2(n-1)$ のカイ二乗分布に従うことから, 母分散の選択の場合と同様に行うことができる.

3.4 多変量正規分布に関する選択

本書では, ベクトルは縦ベクトルとして扱う. ベクトル, または, 横ベクトル $\boldsymbol{a}$ に対して $\boldsymbol{a}'$ は $\boldsymbol{a}$ の転置を表すものとする.

平均ベクトル $\boldsymbol{\mu} = (\mu_1, \ldots, \mu_k)'$, 分散共分散行列 $\Sigma = (\sigma_{ij})$ を持つ k 次元正規分布 $N_k(\boldsymbol{\mu}, \Sigma)$ において, その平均ベクトルの各成分を大きさの順に並べ替えた値を $\mu_{[1]} \leq \cdots \leq \mu_{[k]}$ とし, $\mu_{[k]}$ を**最良成分**とする. 最良成分の選択と最良成分を含む部分集合の選択について解説する.

3.4.1 最良成分の選択

$\mathbf{X}_1, \ldots, \mathbf{X}_n$ を k 次元正規分布 $N_k(\boldsymbol{\mu}, \Sigma)$ に従う確率ベクトルとし, その標本平均ベクトルを

$$\bar{\mathbf{X}}_{(n)} = (\bar{X}_{1(n)}, \ldots, \bar{X}_{k(n)})' = \frac{1}{n}\sum_{i=1}^{n}\mathbf{X}_i$$

とする．選択方法は

$$\bar{X}_{i(n)} = \max\{\bar{X}_{1(n)}, \ldots, \bar{X}_{k(n)}\}$$

であるとき，第 i 成分を最良成分として選択する．最良成分が選択される確率 $P(\mathrm{CS})$ を与えられた値 $P^*(0 < P^* < 1)$ 以上，すなわち，$P(\mathrm{CS}) \geq P^*$ となるように標本数 n を定める．

$$Z_{ij(n)} = \sqrt{\frac{n}{\tau_{ij}}}(\bar{X}_{i(n)} - \bar{X}_{j(n)} + \mu_j - \mu_i), \quad i, j = 1, \ldots, k, i \neq j$$

とする．ただし，$\tau_{ij} = \sigma_{ii} + \sigma_{jj} - 2\sigma_{ij}$ である．$\mu_k = \mu_{[k]}$ とすると

$$\begin{aligned} P(\mathrm{CS}) &= P(\bar{X}_{k(n)} > \bar{X}_{i(n)}, i = 1, \ldots, k-1) \\ &= P\left(Z_{ik(n)} < \sqrt{\frac{n}{\tau_{ik}}}(\mu_k - \mu_i), i = 1, \ldots, k-1\right) \\ &\geq P(Z_{ik(n)} < 0, i = 1, \ldots, k-1) \end{aligned}$$

であり，等号は，$\mu_1 = \cdots = \mu_k$ のときに成立する．したがって

$$\min_{\boldsymbol{\mu}} P(\mathrm{CS}) = P(Z_{ik(n)} < 0, i = 1, \ldots, k-1) \leq P(Z_{1k(n)} < 0) = \frac{1}{2}$$

となり，どのような分散共分散行列 Σ に対しても

$$\min_{\boldsymbol{\mu}} P(\mathrm{CS}) \leq \frac{1}{2}$$

である．したがって，$P^* > 1/2$ のとき，条件を満たす標本数を選ぶことはできない．条件を満たすためには平均ベクトルに制約を設ける必要がある．そのため IZ 方式を用いて標本数を定めることにする．すなわち，$\delta^*(> 0)$ を与え，$\mu_{[k]} - \mu_{[k-1]} \geq \delta^*$（重要領域）のとき

$$P(\mathrm{CS}) \geq P^* \tag{3.38}$$

を満たすように標本数 n を定める．分散共分散行列 Σ が既知のとき次の

ことが成り立つ.

定理 3.12

標本数 n を

$$n = \left[\frac{z^2\tau}{\delta^{*2}}\right] + 1 \tag{3.39}$$

と定めると, (3.38) が満たされる. ただし, $\tau = \max_{i<j} \tau_{ij}$ であり, z は標準正規分布の上側 $100 \times (1 - P^*)/(k - 1)$%点である.

CS 方式を用いると, $\delta^*(> 0)$ と $P^*(1/k < P^* < 1)$ を与え

$$P(\mu_{[k]} - \delta^* < \mu_S \leq \mu_{[k]}) \geq P^* \tag{3.40}$$

を満たす標本数 n を選ぶ. ここで, μ_S は選択した成分の平均である. このとき次のことが成り立つ.

定理 3.13

標本数 n を (3.39) で定めると (3.40) を満たす.

【例題 3.9】　3 次元正規分布 $N_3(\boldsymbol{\mu}, \Sigma)$ の最良成分を選択するのに必要な標本数を求める. ただし, $\delta^* = 0.5, P^* = 0.95$ とし, 分散共分散行列 Σ は既知で

$$\Sigma = \begin{pmatrix} 5 & 4 & 2 \\ 4 & 5 & 2 \\ 2 & 2 & 2 \end{pmatrix}$$

とする.

$$\tau_{12} = 5 + 5 - 2 \times 4 = 2,$$

$$\tau_{13} = 5 + 2 - 2 \times 2 = 3,$$

$$\tau_{23} = 5 + 2 - 2 \times 2 = 3$$

であるので，$\tau = 3$ である．また，$(1-P^*)/(k-1) = (1-0.95)/(3-1) = 0.025$ より，$z = 1.96$ である．したがって，標本数 n は (3.39) より

$$n = \left[\frac{1.96^2 \times 3}{0.5^2}\right] + 1 = 47$$

である．

次に，分散共分散行列 Σ は未知とする．二段階推測法を用いて (3.38) を満たす標本数を決める．

$\mathbf{X}_1, \ldots, \mathbf{X}_m$ を k 次元正規分布 $N_k(\boldsymbol{\mu}, \Sigma)$ に従う大きさ $m(\geq 2)$ の初期標本とし，その標本分散共分散行列を

$$S_{(m)} = (s_{ij(m)}) = \frac{1}{m-1}\sum_{i=1}^{m}(\mathbf{X}_i - \bar{\mathbf{X}}_{(m)})(\mathbf{X}_i - \bar{\mathbf{X}}_{(m)})'$$

とし，$W_{ij(m)} = s_{ii(m)} + s_{jj(m)} - 2s_{ij(m)}, i, j = 1, \ldots, k, i < j$ を求め，$W_m = \max_{i<j} W_{ij(m)}$ とする．全標本数 N は

$$N = \max\left\{m, \left[\frac{t_\nu^2(r)W_m}{\delta^{*2}}\right] + 1\right\} \tag{3.41}$$

である．ただし，$t_\nu(r)$ は自由度 $\nu = m-1$ の t 分布の上側 $100 \times r\%$ 点であり，$r = (1-P^*)/(k-1)$ である．$N > m$ ならば，第二段階に進み，その差 $N-m$ 個の標本 $\mathbf{X}_{m+1}, \ldots, \mathbf{X}_N$ を抽出する．第一段階，第二段階の標本を合わせた標本平均ベクトル

$$\bar{\mathbf{X}}_{(N)} = (\bar{X}_{1(N)}, \ldots, \bar{X}_{k(N)})' = \frac{1}{N}\sum_{i=1}^{N}\mathbf{X}_i$$

を求め

$$\bar{X}_{i(N)} = \max\{\bar{X}_{1(N)}, \ldots, \bar{X}_{k(N)}\}$$

であるとき，第 i 成分を最良成分として選択する．このとき次のことが成り立つ．

定理 3.14

標本数 N を (3.41) で定めると (3.38), (3.40) が満たされる.

【例題 3.10】 例題 3.9 を取り上げる. ただし, 分散共分散行列 Σ は未知とする. $m = 20$ の初期標本に基づく標本分散共分散行列が

$$S_{(20)} = \begin{pmatrix} 6.19 & 3.78 & 0.91 \\ 3.78 & 3.40 & 0.60 \\ 0.91 & 0.60 & 1.02 \end{pmatrix}$$

であるとする. 全標本数 N を求める.

$$W_{12(20)} = 6.19 + 3.40 - 2 \times 3.78 = 2.03,$$
$$W_{13(20)} = 6.19 + 1.02 - 2 \times 0.91 = 5.39,$$
$$W_{23(20)} = 3.40 + 1.02 - 2 \times 0.60 = 3.22$$

であるので, $W_{20} = 5.39$ である. また, $r = (1-P^*)/(k-1) = (1-0.95)/(3-1) = 0.025$ より, $t_{19}(0.025) = 2.09$ となる. したがって, 標本数は (3.41) より

$$N = \max\left\{20, \left[\frac{2.09^2 \times 5.39}{0.5^2}\right] + 1\right\} = 95$$

である. さらに, $N - m = 95 - 20 = 75$ 個の標本を抽出する必要がある.

3.4.2 部分集合の選択

最良成分を含む部分集合を選択する. その選択が正しい (CS) とは, 選ばれた部分集合に最良成分が含まれる場合をいう. このとき, $P^*(1/k < P^* < 1)$ を与え

$$P(\mathrm{CS}) \geq P^* \tag{3.42}$$

を満たす選択方法を構成する.

$\mathbf{X}_1, \ldots, \mathbf{X}_n$ を k 次元正規分布 $N_k(\boldsymbol{\mu}, \Sigma)$ に従う n 個の確率ベクトルと

する．その標本平均ベクトルを $\bar{\mathbf{X}}_{(n)} = (\bar{X}_{1(n)}, \ldots, \bar{X}_{k(n)})'$，その成分の最大値を $\bar{X}_{[n]}$ とする．まず，分散共分散行列 Σ が既知とする．このときは

$$\bar{X}_{i(n)} > \bar{X}_{[n]} - z\sqrt{\frac{\tau}{n}} \tag{3.43}$$

ならば第 i 成分を部分集合に含める．ここで，$\tau = \max_{i<j} \tau_{ij}$ であり，z は標準正規分布の上側 $100 \times (1 - P^*)/(k-1)$%点である．このとき次のことが成り立つ．

定理 3.15

選択方法 (3.43) は (3.42) を満たす．

【例題 3.11】 3 次元正規分布 $N_3(\boldsymbol{\mu}, \Sigma)$ の最良成分を含む部分集合を選択する．ただし，$P^* = 0.95$，分散共分散行列 Σ は既知とし，例題 3.9 の Σ を用いる．$n = 30$ のときの標本平均ベクトルが

$$\bar{\mathbf{X}}_{(30)} = (2.04, 1.29, 3.05)'$$

であった．最良成分を含む部分集合を選択する．

$\bar{X}_{[30]} = 3.05$ であり，例題 3.9 より $\tau = 3, z = 1.96$ であるので，(3.43) より標本平均が

$$3.05 - 1.96 \times \sqrt{\frac{3}{30}} = 2.43$$

を超える成分を選択する．この場合，第 3 成分だけが選択される．

次に，分散共分散行列 Σ は未知とする．$\mathbf{X}_1, \ldots, \mathbf{X}_n$ の標本分散共分散行列を $S_{(n)} = (s_{ij(n)})$ とし

$$\bar{X}_{i(n)} > \bar{X}_{[n]} - t_\nu(r)\sqrt{\frac{W_n}{n}} \tag{3.44}$$

ならば第 i 成分を部分集合に含める．ここで，$W_n = \max_{i<j} W_{ij(n)}$ であり，$\nu = n - 1, r = (1 - P^*)/(k-1)$ である．このとき次のことが成り立つ．

定理 3.16

選択方法 (3.44) は (3.42) を満たす．

【例題 3.12】 例題 3.11 を取り上げる．ただし，分散共分散行列 Σ は未知とする．例題 3.11 のデータを用いて部分集合を選択する．このとき標本分散共分散行列は

$$S_{(30)} = \begin{pmatrix} 6.84 & 5.29 & 2.76 \\ 5.29 & 6.03 & 2.64 \\ 2.76 & 2.64 & 2.22 \end{pmatrix}$$

とする．

$$W_{12(30)} = 6.84 + 6.03 - 2 \times 5.29 = 2.29,$$
$$W_{13(30)} = 6.84 + 2.22 - 2 \times 2.76 = 3.54,$$
$$W_{23(30)} = 6.03 + 2.22 - 2 \times 2.64 = 2.97$$

であるので，$W_{30} = 3.54$ である．また，$r = (1 - P^*)/(k - 1) = (1 - 0.95)/(3 - 1) = 0.025$ より，$t_{29}(0.025) = 2.05$ となる．$\bar{X}_{[30]} = 3.05$ であるので，(3.44) より標本平均が

$$3.05 - 2.05 \times \sqrt{\frac{3.54}{30}} = 2.35$$

を超える成分を選択する．この場合も第 3 成分だけが選択される．

3.5　多項分布に関する選択

1 回の試行で k 個の排反事象（カテゴリー）$E_1, \ldots, E_k$ のどれかが起こり

$$P(E_i) = p_i, \quad i = 1, \ldots, k$$

とする．ただし，$0 \leq p_i \leq 1, i = 1, \ldots, k, \sum_{i=1}^{k} p_i = 1$ である．$p_1, \ldots,$

p_k を大きさの順に並べ替えた値を $p_{[1]} \le \cdots \le p_{[k]}$ とし，$p_{[1]}$ または $p_{[k]}$ をその確率に持つカテゴリー（**最良カテゴリー**）を選択する問題について解説する．

3.5.1　確率が最大であるカテゴリーの選択

$p_{[k]}$ をその確率に持つカテゴリーを最良カテゴリーとする選択問題について解説する．この試行を n 回繰り返したとき，$E_1, \ldots, E_k$ の生じる度数を $X_{1(n)}, \ldots, X_{k(n)}$ とすると，$(X_{1(n)}, \ldots, X_{k(n)})$ の分布は多項分布である．選択方法は

$$X_{i(n)} = \max\{X_{1(n)}, \ldots, X_{k(n)}\}$$

であるとき，カテゴリー E_i を選択する．最大値をとる値が複数ある場合は，それらに対応するカテゴリーから無作為に一つを選ぶ．その選択が正しい (CS) とは，選択したカテゴリーが最良カテゴリーである場合をいう．

$P^*(0 < P^* < 1)$ を与え

$$P(\mathrm{CS}) \ge P^* \tag{3.45}$$

を満たす試行回数 n を決定したい．しかし，明らかに，$p_1 = \cdots = p_k = 1/k$ のとき $P(\mathrm{CS}) = 1/k$ となる．したがって，$P^* > 1/k$ となる P^* に対しては，(3.45) は満たされない．その条件を満たすには母数 $p_1, \ldots, p_k$ に制約が必要である．そのため IZ 方式を用いて試行回数を決定する．すなわち，$\theta^*(> 1)$ を与え，$p_{[k]}/p_{[k-1]} \ge \theta^*$（重要領域）のとき，(3.45) を満たす試行回数 n を決定する．このとき，$P(\mathrm{CS})$ を最小にする母数 (LFC) は

$$p_{[1]} = \cdots = p_{[k-1]} = \frac{1}{\theta^* + k - 1}, \quad p_{[k]} = \frac{\theta^*}{\theta^* + k - 1} \tag{3.46}$$

で与えられる．

$k = 2$ のとき，$P(\mathrm{CS})$ の最小値は

表 3.6　n $(k=2, P^*=0.95)$

θ^*	1.05	1.10	1.15	1.20	1.25	1.30
n	4547	1193	555	327	219	159

$$P(\mathrm{CS}) = \begin{cases} P(X \geq l+1) & (n=2l+1) \\ P(X>l) + \frac{1}{2}P(X=l) & (n=2l) \end{cases} \tag{3.47}$$

となる．ただし，X の分布は二項分布 $B(n, \theta^*/(\theta^*+1))$ である（演習問題 3.13）．

表 3.6 は，$k=2, \theta^*=1.05, 1.10, \ldots, 1.30, P^*=0.95$ のとき，(3.45) を満たす試行回数 n の値である．

しかし，$k \geq 3$ のときは，$P(\mathrm{CS})$ の最小値の式は複雑になり，(3.45) を満たす試行回数の決定は困難である．そのため多項分布の正規近似を用いて $P(\mathrm{CS})$ の最小値の近似式を与え，それに基づいて (3.45) を満たす試行回数 n を定めることにする．

定理 3.17

n が大きいとき，LFC のもとで

$$P(\mathrm{CS}) \cong \int_{-\infty}^{\infty} \Phi^{k-1}\left(\sqrt{\frac{\rho}{1-\rho}}x + \frac{\tau}{\sqrt{1-\rho}}\right)\phi(x)dx$$

が成り立つ．ここで

$$\rho = \frac{(k+1)\theta^* - 1}{(k+2)\theta^* + k - 2}, \qquad \tau = (\theta^*-1)\sqrt{\frac{n}{(k+2)\theta^* + k - 2}}$$

である．

定理 3.17 より，方程式

$$\int_{-\infty}^{\infty} \Phi^{k-1}\left(\sqrt{\frac{\rho}{1-\rho}}x + \frac{u}{\sqrt{1-\rho}}\right)\phi(x)dx = P^*$$

の解を u とすると，$\tau \geq u$ を満たすように標本数 n を定める．すなわち

表 3.7 n $(P^* = 0.95)$

$\theta^* \backslash k$	2	3	4	5
1.05	4547	8997	13817	18942
1.10	1191	2332	3565	4873
1.15	554	1073	1634	2227
1.20	325	625	946	1287
1.25	217	413	624	845
1.30	157	296	445	602

$$n = \left[\left(\frac{u}{\theta^* - 1} \right)^2 ((k+2)\theta^* + k - 2) \right] + 1 \tag{3.48}$$

とすると，近似的ではあるが，(3.45) が満たされる．表 3.7 は，$k = 2, 3, 4, 5, \theta^* = 1.05, 1.10, \ldots, 1.30, P^* = 0.95$ のとき，(3.48) の n の値である．$k = 2$ の場合ではあるが，表 3.6 の正確な値と比較して，かなりよい近似値を与えていることがわかる．

注意 3.3

この問題に CS 方式を適用すると，$\theta^*(> 1)$ と $P^*(0 < P^* < 1)$ を与え

$$P\left(\frac{p_{[k]}}{\theta^*} < p_S \leq p_{[k]} \right) \geq P^*$$

を満たす試行回数を求める．ここで，p_S は選択されたカテゴリーの確率を表す．$k = 2$ の場合は，明らかに IZ 方式で求めた試行回数と CS 方式で求めた試行回数は同じであるが，$k \geq 3$ のとき二つの方式が同等であるかどうかはわかっていない．

3.5.2 確率が最小であるカテゴリーの選択

$p_{[1]}$ をその確率に持つカテゴリーを最良カテゴリーとする選択問題について解説する．この試行を n 回繰り返したとき，$E_1, \ldots, E_k$ の生じる度数を $X_{1(n)}, \ldots, X_{k(n)}$ とする．選択方法は

$$X_{i(n)} = \min\{X_{1(n)}, \ldots, X_{k(n)}\}$$

であるとき，カテゴリー E_i を選択する．最小値をとる値が複数ある場合

は，それらに対応するカテゴリーから無作為に一つを選ぶ．その選択が正しい (CS) とは，選択したカテゴリーが最良カテゴリーである場合をいう．$P^*(0 < P^* < 1)$ を与え

$$P(\mathrm{CS}) \geq P^* \tag{3.49}$$

を満たす試行回数 n を決定したい．この場合も $p_1 = \cdots = p_k = 1/k$ のとき $P(\mathrm{CS}) = 1/k$ となるので，$P^* > 1/k$ となる P^* に対しては，(3.49) は満たされない．そのためには母数に制約が必要である．IZ 方式を採用する．前項に倣って，$\theta^*(> 1)$ を与え，$p_{[2]}/p_{[1]} \geq \theta^*$（重要領域）のとき (3.49) を満たす試行回数を決める．しかし

$$p_{[1]} \leq \frac{1}{1 + (k-1)\theta^*}$$

であり，このことから

$$p_{[i]} = \theta^* p_{[1]}, \quad i = 2, \ldots, k-1,$$
$$p_{[k]} = 1 - (1 + (k-2)\theta^*)p_{[1]}$$

は重要領域に属するが，任意の試行回数 n に対して

$$\lim_{p_{[1]} \to 0} P(\mathrm{CS}) = \frac{1}{k-1}$$

となり，$P^* > 1/(k-1)$ のとき，(3.49) を満たさない．したがって，他の重要領域を用いる必要がある．ここでは，$\delta^*(0 < \delta^* < 1/(k-1))$ を与え，$p_{[2]} - p_{[1]} \geq \delta^*$ を重要領域として採用し，(3.49) を満たす試行回数 n を定める．この場合 $P(\mathrm{CS})$ の LFC は

$$p_{[1]} = \frac{1 - (k-1)\delta^*}{k},$$
$$p_{[i]} = \frac{1 + \delta^*}{k}, \quad i = 2, \ldots, k \tag{3.50}$$

で与えられる．

$k = 2$ のときは，$P(\mathrm{CS})$ の最小値は

表 3.8 $n\ (k=2, P^*=0.95)$

δ^*	0.04	0.06	0.08	0.10	0.12	0.14
n	1691	751	421	269	187	137

$$P(\mathrm{CS}) = \begin{cases} P(X \leq l) & (n=2l+1) \\ P(X<l)+\dfrac{1}{2}P(X=l) & (n=2l) \end{cases} \tag{3.51}$$

である．ただし，X の分布は二項分布 $B(n,(1-\delta^*)/2)$ である（演習問題 3.14）．

表 3.8 は，$k=2, \delta^*=0.04, 0.06, \ldots, 0.14, P^*=0.95$ のとき，(3.49) を満たす試行回数 n の値である．

しかし，$k \geq 3$ のときは，$P(\mathrm{CS})$ の最小値は複雑な式になり，(3.49) を満たす試行回数の決定は困難である．そのため多項分布の正規近似を用いて $P(\mathrm{CS})$ の最小値の近似式を与え，それに基づいて (3.49) を満たす試行回数 n を定めることにする．

定理 3.18

$\delta^* < 1/k$ とする．n が大きいとき，LFC のもとで

$$P(\mathrm{CS}) \cong \int_{-\infty}^{\infty} \Phi^{k-1}\left(\frac{ax+\sqrt{n}\delta^*}{b}\right)\phi(x)dx$$

が成り立つ．ここで

$$a=\sqrt{\frac{(1+\delta^*)(1-k\delta^*)}{k}}, \qquad b=\sqrt{\frac{1+\delta^*}{k}}$$

である．

定理 3.18 より方程式

$$\int_{-\infty}^{\infty} \Phi^{k-1}\left(\frac{ax+w}{b}\right)\phi(x)dx = P^*$$

の解を w とすると，$\sqrt{n}\delta^* \geq w$ を満たすように試行回数 n を定める．すなわち

表 3.9　n $(P^* = 0.95)$

$\delta^* \backslash k$	2	3	4	5
0.04	1690	1504	1284	1108
0.06	749	662	559	478
0.08	421	368	308	260
0.10	268	232	192	160
0.12	186	159	130	107
0.14	136	115	93	75

$$n = \left[\left(\frac{w}{\delta^*} \right)^2 \right] + 1 \tag{3.52}$$

とすると，近似的ではあるが (3.49) が満たされる．

表 3.9 は，$k = 2, 3, 4, 5, \delta^* = 0.04, 0.06, \ldots, 0.14, P^* = 0.95$ のとき，(3.52) の n の値である．$k = 2$ の場合ではあるが，表 3.8 の正確な値と比較して，かなりよい近似値を与えていることがわかる．

注意 3.4
この問題に CS 方式を適用すると，$\delta^*(0 < \delta^* < 1/(k-1))$ と $P^*(0 < P^* < 1)$ を与え

$$P(p_{[1]} \leq p_S < p_{[1]} + \delta^*) \geq P^*$$

を満たす試行回数を定める．ここで，p_S は選択されたカテゴリーの確率を表す．$k = 2$ の場合は，明らかにどちらの方式も同じ試行回数を定めるが，$k \geq 3$ のときは，同じでないことが数値計算によって知られている．

3.6　演習問題

問 3.1　4 地区 A_1, A_2, A_3, A_4 の中で，喫煙率の最も高い地区を選択したい．$\delta^* = 0.05, P^* = 0.95$ とする．各地区からの標本数を求めよ．また，正規近似を用いた場合の標本数を求めよ．さらに，A_1 地区が選択されたとするとき，喫煙率の最も高い地区との関係を述べよ．

問 3.2　6種類の薬 $A_1, A_2, A_3, A_4, A_5, A_6$ の中で有効率が最も高い薬を含む部分集合を選択したい．ただし，$P^* = 0.95$ とする．それぞれの薬を50人の患者に投与したところ，有効であった人数が次の表である．薬を選択せよ．

A_1	A_2	A_3	A_4	A_5	A_6
33	46	30	45	34	44

問 3.3　土壌中のカドミウムの分析方法が A_1, A_2, A_3, A_4 の4種類ある．この中で分析精度が最もよい分析方法を採用したい．そのための実験回数を求めよ．ただし，$\Delta^* = 0.6, P^* = 0.95$ とする．

また，この実験回数で実験を行ったところ各分析方法の標本分散は下記の通りであったとする．この実験の結論を述べよ．

A_1	A_2	A_3	A_4
0.127	0.156	0.134	0.105

問 3.4　ある製品の製造機械を開発している．さらに，開発を進めるために現在候補に上がっている4つの機械 A_1, A_2, A_3, A_4 の中で製品の品質の分散が最小となる機械を含む部分集合を選択したい．それぞれの機械で18個の製品をつくり，その標本分散を求めると次の結果を得た．機械を選択せよ

A_1	A_2	A_3	A_4
3.26	10.78	4.28	8.05

問 3.5　ある種の痛みに対する3つの鎮痛剤 A_1, A_2, A_3 の中で鎮痛効果（閾値）が最も長い薬を選択したい．効果の長さについて，指数分布を仮定し，その尺度母数は未知であるが共通とする．それぞれの鎮痛剤を14人の患者に投与し，鎮痛時間を測定し，U_i の値を求めたのが

次の表である．$\delta^* = 0.5, P^* = 0.95$ とし，二段階推測法を用いて各鎮痛剤の実験回数を求めよ．

A_1	A_2	A_3
4.2	3.9	3.6

問 3.6　問 3.5 で尺度母数は等しいとは限らないとしたときの各鎮痛剤の実験回数を求めよ．

問 3.7　ある食べ物にカビが発生しはじめる時間（閾値）を遅らせるための調理方法を開発した．候補に挙がった調理方法は A_1, A_2, A_3, A_4, A_5 である．それぞれの調理方法で 16 個食べ物をつくりカビが発生する時間を測定し，次の表に要約した．閾値が最も長い調理方法を含む部分集合を選択したい．$P^* = 0.95$ とする．カビが発生するまでの時間について，指数分布を仮定して選択を行え．ただし，尺度母数は未知であるが共通とする．

調理法	A_1	A_2	A_3	A_4	A_5
最小値	62	65	58	70	72
U_i	9.2	8.6	10.2	9.1	8.9

問 3.8　問 3.7 で尺度母数は等しいとは限らないとして調理方法を選択せよ．

問 3.9　ある建築資材の四隅 A_1, A_2, A_3, A_4 の中で，圧力 (kg/m^2) を最も受ける場所を特定するために実験を行った．初期標本として 10 個の資材を選び，受ける圧力を測定したところ，次の標本分散共分散行列を得た．

$$\begin{pmatrix} 380 & 385 & 135 & 103 \\ 385 & 418 & 156 & 139 \\ 135 & 156 & 338 & 305 \\ 103 & 139 & 305 & 291 \end{pmatrix}$$

$\delta^* = 10, P^* = 0.95$ とした場合の実験回数 N を求めよ．

また，N 回実験を行った結果，標本平均ベクトルが

$$\bar{\mathbf{X}}_{(N)} = (385, 286, 450, 384)'$$

であったとき，この実験の結論を述べよ．

問 3.10　偏頭痛に対する4つの新薬 $\mathrm{A}_1, \mathrm{A}_2, \mathrm{A}_3, \mathrm{A}_4$ の中で服用後，持続時間が一番長い薬を含む部分集合を選択したい．$P^* = 0.95$ とする．20人の偏頭痛の患者に4つの薬を服用してもらった．その持続時間の標本平均ベクトルと標本分散共分散行列が下記の通りであった．このときの結論を述べよ．

$$\bar{\mathbf{X}}_{(20)} = (22.8, 24.2, 30.5, 22.3)',$$

$$S_{(20)} = \begin{pmatrix} 3.36 & 3.73 & -1.00 & -2.04 \\ 3.73 & 15.13 & 2.08 & -0.52 \\ -1.00 & 2.08 & 6.16 & 1.35 \\ -2.04 & -0.52 & 1.35 & 16.24 \end{pmatrix}$$

問 3.11　比率に関する選択において，$k = 2$ のとき母集団 Π_2 を選択する確率 $P(\Pi_2)$ は次式で表されることを示せ．

$$P(\Pi_2) = \int_{-1/2}^{n+1/2} F(x, p_1) f(x, p_2) dx$$

問 3.12　連続型二項分布の確率密度関数 $f(x, p)$ は，$p < p'$ に対して

$f(x, p')/f(x, p)$ が x の非減少関数となることを示せ．

問 3.13 確率が最大であるカテゴリーの選択において，$k = 2$ のときは，LFC のもとで $P(\text{CS})$ は (3.47) で与えられることを示せ．

問 3.14 確率が最小であるカテゴリーの選択において，$k = 2$ のときは，LFC のもとで $P(\text{CS})$ は (3.51) で与えられることを示せ．

補注

母比率に関する最良母集団の選択方法は Sobel and Huyett [44]，分散に関する最良母集団の選択方法は Bechhofer and Sobel [3] の方法を解説した．また，最良母集団を含む部分集合の選択方法は Gupta and Sobel [26] の方法を説明した．

指数分布の位置母数に関する最良母集団の選択は，尺度母数が等しいときは Desu et al. [14]，等しいとは限らないときは Mukhopadhyay and Hamdy [36] の方法を解説した．

多変量正規分布の最良成分の選択法は Clark and Yang [12] の方法を解説したが，分散共分散行列に構造が仮定できる場合の最良成分の選択に関しては，Mukhopadhyay and Chou [35]，Nelson and Matejcik [40] が議論している．Takada [49] は Clark and Yang [12] の選択方法を改良する方法を提案している．

多項分布で起こる確率が最大となるカテゴリーの選択方法は，Bechhofer et al. [6] の方法を解説した．(3.46) の LFC は Kesten and Morse [30] によって得られた．起こる確率が最小となるカテゴリーの選択方法は Alam and Thompson [1] の方法を解説したが，この場合 IZ 方式と CS 方式が同等でないことは，Parnes and Srinivasan [41] によって示されている．

付 録 A

本章では，まず，標本数を固定すると，与えられた条件を満たす推測方法を構成することができない場合について説明する．その問題を解決する方法として用いられる二段階推測法を解説し，仮説検定への応用について説明する．次に，IZ 方式と CS 方式が同等であること，および，選択方法の特性を調べるのに有用な不等式を解説する．

A.1 標本数を固定すると解が構成できない推測問題

$X_1, \ldots, X_n$ は互いに独立で同じ確率分布を持ち，その確率密度関数が $\sigma^{-1} f((x-\mu)/\sigma)$ と表されるとする．ただし，関数形 $f(x)$ は既知で，μ, $\sigma(>0)$ は未知とする．この確率分布族を**位置-尺度分布族**といい，μ を位置母数，σ を尺度母数という．正規分布，指数分布はこの分布族に属する．$\mathbf{X} = (X_1, \ldots, X_n)$ とする．

位置-尺度分布族を仮定し，位置母数 μ に関する推測問題で標本数を固定すると解が構成できない場合を説明する．まず，μ に関する仮説検定から始める．H_0 を帰無仮説，H_1 を対立仮説とし

$$
\begin{cases} \mathrm{H}_0: & \mu = \mu_0 \\ \mathrm{H}_1: & \mu = \mu_1 \end{cases} \tag{A.1}
$$

とする．ここで，$\mu_0, \mu_1 (\mu_0 \neq \mu_1)$ は既知の定数とする．

定理 A.1

仮説検定 (A.1) において，第一種の過誤の確率が $\alpha(0 < \alpha < 1)$ 以下，第二種の過誤の確率が $\beta(0 < \beta < 1)$ 以下となる検定方法は，$\alpha + \beta < 1$ のとき，標本数を固定すると構成できない．

次に，位置母数 μ の推定問題を取り上げる．$\Theta = \{\boldsymbol{\theta} = (\mu, \sigma); \sigma > 0\}$ を母数空間とする．μ の値を a で推定するときの損失関数を

$$L(\boldsymbol{\theta}, a) = \omega(|a - \mu|) \tag{A.2}$$

とする．ただし，$\omega(u)$ は $u(\geq 0)$ に関して非減少関数であり，

$$\lim_{u \to \infty} \omega(u) = M(\leq \infty)$$

とする．

定理 A.2

(A.2) を損失関数とする推定問題において，与えられた $W(0 < W < M)$ に対して

$$E_{\boldsymbol{\theta}}\{L(\boldsymbol{\theta}, \delta(\mathbf{X}))\} \leq W, \quad \boldsymbol{\theta} \in \Theta$$

を満たす推定量 $\delta(\mathbf{X})$ は，標本数を固定すると構成できない．

定理 A.2 より，損失関数として二乗誤差をとると，どのような $W(> 0)$ に対しても

$$E_{\boldsymbol{\theta}}\{(\delta(\mathbf{X}) - \mu)^2\} \leq W, \quad \boldsymbol{\theta} \in \Theta$$

を満たす推定量 $\delta(\mathbf{X})$ は，標本数を固定すると構成できない．また，位置母数 μ の値を $\delta(\mathbf{X})$ で推定するとき，その推定誤差を制御したい．より正確には与えられた $\alpha(0 < \alpha < 1), d(> 0)$ に対して

$$P_{\boldsymbol{\theta}}(|\delta(\mathbf{X}) - \mu| < d) \geq 1 - \alpha, \quad \boldsymbol{\theta} \in \Theta$$

を満たす推定量 $\delta(\mathbf{X})$ を構成したい．このとき，μ の信頼区間 $(\delta(\mathbf{X}) - d, \delta(\mathbf{X}) + d)$ を**長さ一定の信頼区間** (fixed-width confidence interval) という．損失関数 ω を

$$\omega(|a-\mu|) = \begin{cases} 0, & |a-\mu| < d \\ 1, & |a-\mu| \geq d \end{cases}$$

とすると

$$P_{\boldsymbol{\theta}}(|\delta(\mathbf{X}) - \mu| < d) = 1 - E_{\boldsymbol{\theta}}\{L(\boldsymbol{\theta}, \delta(\mathbf{X}))\}$$

と表される．条件を満たす推定量 $\delta(\mathbf{X})$ が存在すると

$$E_{\boldsymbol{\theta}}\{L(\boldsymbol{\theta}, \delta(\mathbf{X}))\} \leq \alpha, \quad \boldsymbol{\theta} \in \Theta$$

となる．$\omega(u)$ は $u(\geq 0)$ に関して非減少関数であり，$\lim_{u\to\infty} \omega(u) = 1$ である．したがって，定理 A.2 より，標本数を固定すると長さ一定の信頼区間を構成できない．

最後に最良母集団の選択問題を取り上げる．k 個の母集団の母集団分布は位置-尺度分布族とし，それぞれの位置母数を $\mu_1, \ldots, \mu_k$，尺度母数 σ は未知であるが共通とする．$\mu_1, \ldots, \mu_k$ を大きさの順に並べ替えた値を $\mu_{[1]} \leq \cdots \leq \mu_{[k]}$ とし，$\mu_{[k]}$ を位置母数に持つ母集団を最良母集団とする．与えられた $\delta^*(>0)$ に対して，重要領域を

$$\Omega(\delta^*) = \{\boldsymbol{\theta} = (\mu_1, \ldots, \mu_k, \sigma); \mu_{[k]} - \mu_{[k-1]} \geq \delta^*\}$$

とする．このとき次のことが成り立つ．

定理 A.3

$P^* > 1/k$ のとき

$$P_{\boldsymbol{\theta}}(\mathrm{CS}) \geq P^*, \quad \boldsymbol{\theta} \in \Omega(\delta^*)$$

満たす選択方法は標本数を固定すると構成できない．

A.2 二段階推測法

正規分布と指数分布に用いられる二段階推測法，および，その標本数の期待値について解説する．さらに，二段階推測法の仮説検定への応用について説明する．

A.2.1 正規分布

正規分布の母平均の推測に用いられる二段階推測法には 2 種類ある．一つは第一段階で標本抽出が終わることもあり，推測に標本平均を用いる方法である．もう一つは，必ず第二段階に進み，推測に加重平均を用いる方法である．ここでは，前者を単に二段階推測法，後者を分散不均一法ということにする．主に，二段階推測法は母分散が等しい場合，分散不均一法は母分散が等しいとは限らない場合に用いられる．

まず，二段階推測法について説明する．母集団 $\Pi_1, \ldots, \Pi_k$ において，Π_i の母集団分布は正規分布 $N(\mu_i, \sigma^2), i = 1, \ldots, k$ とする．各母集団からの第一段階の初期標本数を $m(\geq 2)$ とし，Π_i からの大きさ m の初期標本を $X_{i1}, \ldots, X_{im}$，その標本分散を $S_i^2, i = 1, \ldots, k$ とする．共通の母分散 σ^2 を

$$\hat{\sigma}^2 = \frac{1}{k} \sum_{i=1}^{k} S_i^2$$

で推定する．各母集団からの全標本数 N を

$$N = \max \left\{ m, \left[\frac{\hat{\sigma}^2}{z} \right] + 1 \right\} \tag{A.3}$$

で定める．ここで，$z(> 0)$ は問題に応じて決められる定数である．$N > m$ ならば，第二段階に進み，母集団 Π_i から，その差 $N - m$ 個の標本 $X_{im+1}, \ldots, X_{iN}, i = 1, \ldots, k$ を抽出する．N 個の標本の標本平均を

$$\bar{X}_{i(N)} = \frac{1}{N} \sum_{j=1}^{N} X_{ij}, \quad i = 1, \ldots, k$$

とすると，次のことが成り立つ．

定理 A.4

$S_i^2, i=1,\ldots,k$ を与えたとき，$\sqrt{N}(\bar{X}_{i(N)}-\mu_i)/\sigma, i=1,\ldots,k$ の条件付き分布は，互いに独立で標準正規分布である．

次に，分散不均一法について説明する．$X_1, X_2, \ldots$ は互いに独立に正規分布 $N(\mu, \sigma^2)$ に従う確率変数列とする．まず，母分散 σ^2 の値は既知とする．標本数 n を

$$n = \max\left\{2, \left[\frac{\sigma^2}{z}\right]+1\right\} \tag{A.4}$$

とする．ここで，$z(>0)$ は問題に応じて決められる定数である．大きさ n の標本 $X_1, \ldots, X_n$ に対して

$$\tilde{X}_{(n)} = a\sum_{i=1}^{n-1} X_i + bX_n \tag{A.5}$$

とする．ただし

$$a = \frac{1}{n}\left(1+\sqrt{\frac{1}{n-1}\left(n\frac{z}{\sigma^2}-1\right)}\right), \quad b = 1-(n-1)a$$

である．このとき，次のことが成り立つ．

定理 A.5

$\tilde{X}_{(n)}$ の分布は正規分布 $N(\mu, z)$ である．

次に，母分散 σ^2 の値は未知とする．$X_1, \ldots, X_m$ を大きさ $m(\geq 2)$ の初期標本とし，その標本分散を S^2 とする．全標本数 $\tilde{N}$ を

$$\tilde{N} = \max\left\{m+1, \left[\frac{S^2}{z}\right]+1\right\} \tag{A.6}$$

で定める．ここで，$z(>0)$ は問題に応じて決められる定数である．$\tilde{N} > m$ であるので，常に第二段階に進むことが必要で，その差 $\tilde{N}-m$ 個の標

本 $X_{m+1},\ldots,X_{\tilde{N}}$ を抽出する．

$$\bar{X}_{(m)}=\frac{1}{m}\sum_{i=1}^{m}X_i,\quad \hat{\bar{X}}_{(\tilde{N}-m)}=\frac{1}{\tilde{N}-m}\sum_{i=m+1}^{\tilde{N}}X_i$$

とし

$$\tilde{X}_{(\tilde{N})}=(1-b)\bar{X}_{(m)}+b\hat{\bar{X}}_{(\tilde{N}-m)} \tag{A.7}$$

とする．ただし

$$b=\frac{\tilde{N}-m}{\tilde{N}}\left(1+\sqrt{\frac{m(\tilde{N}z-S^2)}{(\tilde{N}-m)S^2}}\right)$$

である．このとき，次のことが成り立つ．

定理 A.6

$T=(\tilde{X}_{(\tilde{N})}-\mu)/\sqrt{z}$ の分布は自由度 $m-1$ の t 分布である．

A.2.2 指数分布

$X_1,\ldots,X_n$ は互いに独立で，指数分布 $Exp(\mu,\sigma)$ に従う確率変数列とする．$X_1,\ldots,X_n$ の最小値を $X_{(1)}$ とし

$$U=\frac{1}{n-1}\sum_{i=1}^{n}(X_i-X_{(1)})$$

とする．このとき次のことが成り立つ．

定理 A.7

$2n(X_{(1)}-\mu)/\sigma$ の分布は自由度 2 のカイ二乗分布，$2(n-1)U/\sigma$ の分布は自由度 $2(n-1)$ のカイ二乗分布であり，$X_{(1)}$ と U は独立である．

母集団 $\Pi_1,\ldots,\Pi_k$ において，Π_i の母集団分布は指数分布 $Exp(\mu_i,\sigma)$，$i=1,\ldots,k$ とする．各母集団からの第一段階の初期標本数を $m(\geq 2)$ と

し，Π_i からの m 個の初期標本を $X_{i1},\dots,X_{im}$ とし

$$U_i = \frac{1}{m-1}\sum_{j=1}^{m}(X_{ij} - X_{i(m)}), \quad i = 1,\dots,k$$

とする．ここで，$X_{i(m)}$ は $X_{i1},\dots,X_{im}$ の最小値を表す．

$$\hat{\sigma} = \frac{1}{k}\sum_{i=1}^{k} U_i$$

とし，各母集団からの全標本数 N を

$$N = \max\left\{m, \left[\frac{\hat{\sigma}}{z}\right] + 1\right\}$$

で定める．ここで，$z(> 0)$ は問題に応じて決められる定数である．$N > m$ ならば，第二段階に進み，各母集団から，その差 $N - m$ 個の標本 $X_{im+1},\dots,X_{iN}, i = 1,\dots,k$ を抽出する．N 個の標本 $X_{i1},\dots,X_{im}$, $X_{im+1},\dots,X_{iN}$ の最小値を $X_{i(N)}, i = 1,\dots,k$ とすると，次のことが成り立つ．

定理 A.8

$U_i, i = 1,\dots,k$ を与えたとき，$2N(X_{i(N)} - \mu_i)/\sigma, i = 1,\dots,k$ の条件付き分布は，互いに独立で自由度 2 のカイ二乗分布である．

A.2.3　標本数

正規分布，指数分布に用いられる二段階推測法の標本数 N は一般に次のように表すことができる．

$$N = \max\{l, [\lambda X] + 1\} \tag{A.8}$$

ここで，X は非負の値をとる連続型確率変数であり，l は正の整数を，λ は正の実数を表す．このとき，N の期待値を次のように表すことができる．

定理 A.9

$$E(N) = l + \sum_{n=l}^{\infty} P\left(X \geq \frac{n}{\lambda}\right)$$

この定理を用いると，例えば，最良母集団の選択で用いられる二段階推測法の標本数 (1.6) の期待値は

$$E(N) = m + \sum_{n=m}^{\infty} P\left(X \geq \frac{n}{\lambda}\right) \tag{A.9}$$

と表される．ここで，X を自由度 $\nu = k(m-1)$ のカイ二乗分布に従う確率変数，$\omega = \sigma/\delta^*$ とおくと，$\lambda = h^2\omega^2/\nu$ である．

標本数 N の期待値は複雑な式であるので，その近似式が必要となる．その導出のため次の結果を用いる．

定理 A.10

$\theta = E(X)$ とおくと

$$\lim_{\lambda \to \infty} E(N - \lambda\theta) = \frac{1}{2}$$

この定理 A.10 より N の期待値に関する近似式として

$$E(N) \cong \lambda\theta + \frac{1}{2}$$

を用いることが考えられる．標本数 (1.6) の期待値に，この近似式を適用すると

$$E(N) \cong h^2\omega^2 + \frac{1}{2} \tag{A.10}$$

となる．表 A.1 は，$k = 5, m = 10, P^* = 0.95, \omega = 1.0, 1.2, \ldots, 2.0$ のとき，(A.9) を数値計算で求めた値と (A.10) による近似値を比較した表で

表 A.1 正確な値（上段）と近似値の比較 ($k = 5, m = 10, P^* = 0.95$)

ω	1.0	1.2	1.4	1.6	1.8	2.0
$E(N)$	11.0	14.8	19.9	25.8	32.5	40.2
近似値	10.4	14.7	19.9	25.8	32.5	40.0

ある．この場合，近似式はかなり正確である．

A.2.4 仮説検定への応用

●母平均の検定

正規分布の母平均の仮説検定への二段階推測法の応用について説明する．まず，正規分布 $N(\mu, \sigma^2)$ の母平均 μ に関する次の仮説検定から始める．ただし，母分散 σ^2 は未知とする．

$$\begin{cases} \mathrm{H}_0: & \mu = \mu_0 \\ \mathrm{H}_1: & \mu > \mu_0 \end{cases} \tag{A.11}$$

とする．第一種の過誤の確率（有意水準）を $\alpha(0 < \alpha < 1)$，$\mu \geq \mu_1(\mu_0 < \mu_1)$ のとき検出力を $1 - \beta(0 < \beta < 1)$ 以上にしたい．定理 A.1 より，$\alpha < 1 - \beta$ のとき標本数を固定すると検定方法を構成することはできない．二段階推測法を適用して検定方法を構成する．

第一段階で，大きさ $m(\geq 2)$ の初期標本 $X_1, \ldots, X_m$ を抽出し，σ^2 を標本分散 S^2 で推定する．全標本数 N は

$$N = \max\left\{m, \left[\frac{\rho^2 S^2}{d^2}\right] + 1\right\} \tag{A.12}$$

である．ここで，$d = \mu_1 - \mu_0, \rho = t_{m-1}(\alpha) + t_{m-1}(\beta)$ である．ただし，$t_\nu(\gamma)$ は自由度 ν の t 分布の上側 $100 \times \gamma$%点を表す．$N > m$ ならば，第二段階に進み，その差 $N - m$ 個の標本 $X_{m+1}, \ldots, X_N$ を抽出する．全標本の標本平均

$$\bar{X}_{(N)} = \frac{1}{N}\sum_{i=1}^{N} X_i$$

を求め

$$T = \frac{\sqrt{N}(\bar{X}_{(N)} - \mu_0)}{\sqrt{S^2}}$$

とする．検定方法は

$$T > t_{m-1}(\alpha) \tag{A.13}$$

ならば，H_0 を棄却する．このとき次のことが成り立つ．

定理 A.11

検定方法 (A.13) は仮説検定 (A.11) の条件を満たす．

【例題 A.1】 ある工場で生産されるガラス製品の強度は，平均が 20 kg/cm^2 の正規分布に従っている．強度を高めるため新しい方法が提案された．従来の強度の改善が見られるのであれば新しい方法を採用する．それを検証するため，新しい方法で製作されたガラス製品の強度の母平均 μ に関して，次の仮説を検定する．

$$\begin{cases} \mathrm{H}_0: \quad \mu = 20 \\ \mathrm{H}_1: \quad \mu > 20 \end{cases}$$

第一種の過誤の確率を 5%，$\mu \geq 22$ のときの検出力を 90% 以上にしたい．ただし，母分散 σ^2 の値は未知とする．二段階推測法を用いて標本数と検定方法を構成する．

第一段階の初期標本数を $m = 10$ とし，10 個のガラスの強度を調べたところ，その標本分散が $S^2 = 5.26$ であった．$t_9(0.05) = 1.833, t_9(0.1) = 1.383$ より，$\rho = 1.833 + 1.383 = 3.216$ であり，$d = 22 - 20 = 2$ である．したがって，(A.12) より全標本数 N は

$$N = \max\left\{10, \left[\frac{3.216^2 \times 5.26}{2^2}\right] + 1\right\} = 14$$

となるので，その差 $N - m = 14 - 10 = 4$ 個のガラスを新たに製作した．合計 14 個のガラスの強度の平均を求めたところ $\bar{X}_{(14)} = 22.4$ であった．(A.13) より

$$T = \frac{\sqrt{14}(22.4 - 20)}{\sqrt{5.26}} = 3.915 > 1.833$$

であるので，H_0 は棄却され，新たな改善案が採用される．

注意 A.1
対立仮説が $\mathrm{H}_1 : \mu < \mu_0$ で，$\mu \leq \mu_1 (\mu_1 < \mu_0)$ のとき，検出力を $1 - \beta (0 < \beta < 1)$ 以上にするには $d = \mu_0 - \mu_1$ とし標本数を (A.12) で定め，$T < -t_{m-1}(\alpha)$ ならば，H_0 を棄却する．両側対立仮説 $\mathrm{H}_1 : \mu \neq \mu_0$ で，$|\mu - \mu_0| \geq d (> 0)$ のとき検出力を $1 - \beta (0 < \beta < 1)$ 以上にするには，標本数を (A.12) で，$t_{m-1}(\alpha)$ を $t_{m-1}(\alpha/2)$ に変更して求め，$|T| > t_{m-1}(\alpha/2)$ ならば，H_0 を棄却する．

注意 A.2
仮説検定 (A.11) に分散不均一法も適用可能である．全標本数 $\tilde{N}$ を

$$\tilde{N} = \max\left\{m + 1, \left[\frac{S^2}{z}\right] + 1\right\}$$

とする．ただし，$z = d^2/\rho^2$ である．(A.7) から $T = (\tilde{X}_{(\tilde{N})} - \mu_0)/\sqrt{z}$ を求め，$T > t_{m-1}(\alpha)$ のとき，H_0 を棄却する．定理 A.6 を用いれば仮説検定 (A.11) の条件が満たされることが定理 A.11 と同様に示される．しかし，(A.12) から明らかに $\tilde{N} \geq N$ である．

注意 A.3
仮説検定 (A.11) に t 検定を用いるとき，標本数を決定するには d/σ の値が必要になる．

●母平均の差の検定

次に，二つの母集団 Π_1, Π_2 の母平均の差に関する仮説検定を取り上げる．Π_1 の母集団分布は正規分布 $N(\mu_1, \sigma_1^2)$，Π_2 の母集団分布は正規分布

$N(\mu_2, \sigma_2^2)$ とし

$$\begin{cases} \mathrm{H}_0: & \mu_1 = \mu_2 \\ \mathrm{H}_1: & \mu_1 > \mu_2 \end{cases} \tag{A.14}$$

とする．第一種の過誤の確率は $\alpha(0 < \alpha < 1)$，$\mu_1 - \mu_2 \geq d$ のとき検出力を $1 - \beta(0 < \beta < 1)$ 以上にしたい．ただし，母分散の値は未知とする．このときも標本数を固定すると条件を満たす検定方法は構成できない．等分散の場合は二段階推測法，母分散が一般の場合は分散不均一法を用いて標本数の決定と検定方法を構成する．

まず，等分散とし，その共通の値を σ^2 とする．Π_1 からの大きさ $m(\geq 2)$ の初期標本を $X_{11}, \ldots, X_{1m}$ とし，その標本分散を S_1^2 とする．Π_2 からの大きさ m の初期標本を $X_{21}, \ldots, X_{2m}$ とし，その標本分散を S_2^2 とする．σ^2 の値を $\hat{\sigma}^2 = (S_1^2 + S_2^2)/2$ で推定する．各母集団からの全標本数 N を次のように定める．

$$N = \max\left\{m, \left[\frac{2\rho^2\hat{\sigma}^2}{d^2}\right] + 1\right\} \tag{A.15}$$

である．ここで，$\rho = t_{2(m-1)}(\alpha) + t_{2(m-1)}(\beta)$ である．$N > m$ ならば，それぞれの母集団から，その差 $N - m$ 個の標本 $X_{1m+1}, \ldots, X_{1N}$, $X_{2m+1}, \ldots, X_{2N}$ を抽出し，全標本に基づく標本平均

$$\bar{X}_{1(N)} = \frac{1}{N}\sum_{i=1}^{N} X_{1i}, \quad \bar{X}_{2(N)} = \frac{1}{N}\sum_{i=1}^{N} X_{2i}$$

を求める．検定方法は

$$T = \frac{\sqrt{N}(\bar{X}_{1(N)} - \bar{X}_{2(N)})}{\sqrt{2\hat{\sigma}^2}} > t_{2(m-1)}(\alpha) \tag{A.16}$$

ならば，H_0 を棄却する．このとき次のことが成り立つ．

定理 A.12

検定方法 (A.16) は仮説検定 (A.14) の条件を満たす．

【例題 A.2】 従来使用しているペンキの乾燥に要する時間（分）を短縮するため，新たなペンキを開発した．乾燥時間が短縮できれば，新たなペンキを採用することにする．そのため次の仮説検定を行う．

$$\begin{cases} \mathrm{H}_0: & \mu_1 = \mu_2 \\ \mathrm{H}_1: & \mu_1 > \mu_2 \end{cases}$$

ここで，μ_1 は従来のペンキを使用した場合の平均乾燥時間であり，μ_2 は新たなペンキを使用した場合の平均乾燥時間である．第一種の過誤の確率を 5%，乾燥時間が 5 分以上短縮できるときは検出力を 90% 以上にしたい．ただし，母分散の値は未知であるが等しいとする．二段階推測法を用いて標本数の決定と検定方法を構成する．

第一段階の初期標本数を $m = 10$ とし，それぞれのペンキを 10 個の製品に使用し，乾燥までの時間の標本分散を求めると，$S_1^2 = 14.83, S_2^2 = 63.25$ であった．したがって，$\hat{\sigma}^2 = (14.83 + 63.25)/2 = 39.04$ である．$t_{18}(0.05) = 1.734, t_{18}(0.1) = 1.330$ より $\rho = 1.734 + 1.330 = 3.064, d = 5$ であるので，(A.15) より

$$N = \max\left\{10, \left[\frac{2 \times 3.064^2 \times 39.04}{5^2}\right] + 1\right\} = 30$$

である．新たに $30 - 10 = 20$ 個の製品にそれぞれのペンキを使用し乾燥時間を求める必要がある．合計 30 個の製品の乾燥時間の平均を求めたところ $\bar{X}_{1(30)} = 59.3, \bar{X}_{2(30)} = 54.3$ であった．(A.16) より

$$T = \frac{\sqrt{30}(59.3 - 54.3)}{\sqrt{2 \times 39.04}} = 3.099 > 1.734$$

であるので，H_0 は棄却される．新たなペンキに乾燥時間の短縮の効果はあるといえる．

注意 A.4

対立仮説が $\mathrm{H}_1 : \mu_1 < \mu_2$ で，$\mu_2 - \mu_1 \geq d(> 0)$ のとき，検出力を $1-\beta(0 < \beta < 1)$ 以上にするには標本数を (A.15) で定め，$T < -t_{2(m-1)}(\alpha)$ ならば，H_0 を棄却する．両側対立仮説 $\mathrm{H}_1 : \mu_1 \neq \mu_2$ で，$|\mu_1 - \mu_2| \geq d(> 0)$ のとき検出力を $1 - \beta(0 <$

$\beta < 1)$ 以上にするには，標本数を (A.15) で，$t_{2(m-1)}(\alpha)$ を $t_{2(m-1)}(\alpha/2)$ に変更して求め，$|T| > t_{2(m-1)}(\alpha/2)$ ならば，H_0 を棄却する．

次に，母分散 σ_1^2, σ_2^2 の値が等しいとは限らないとする．分散不均一法を用いて標本数の決定と検定方法を構成する．Π_1 からの大きさ $m(\geq 2)$ の初期標本を $X_{11}, \ldots, X_{1m}$ とし，その標本平均と標本分散を $\bar{X}_{1(m)}, S_1^2$ とする．Π_2 からの大きさ m の初期標本を $X_{21}, \ldots, X_{2m}$ とし，その標本平均と標本分散を $\bar{X}_{2(m)}, S_2^2$ とする．それぞれの母集団からの全標本数を

$$\tilde{N}_1 = \max\left\{m+1, \left[\frac{S_1^2}{z}\right]+1\right\}, \quad \tilde{N}_2 = \max\left\{m+1, \left[\frac{S_2^2}{z}\right]+1\right\} \tag{A.17}$$

とする．ここで，$z = d^2/(\gamma_\alpha + \gamma_\beta)^2$ である．ただし，γ_η は次の方程式の解であり，$\nu = m-1$ である．

$$\int_{-\infty}^{\infty} \Psi_\nu(x+\gamma_\eta)\psi_\nu(x)dx = 1-\eta \tag{A.18}$$

分散不均一法を用いると，その定義から必ず第二段階に進む．Π_1 からの $\tilde{N}_1 - m$ 個の標本 $X_{1m+1}, \ldots, X_{1\tilde{N}_1}$，$\Pi_2$ からの $\tilde{N}_2 - m$ 個の標本 $X_{2m+1}, \ldots, X_{2\tilde{N}_2}$ をさらに抽出する．これらの標本の標本平均を $\hat{\bar{X}}_{1(\tilde{N}_1-m)}, \hat{\bar{X}}_{2(\tilde{N}_2-m)}$ とし，第一段階の標本平均との加重平均を

$$\begin{aligned}\tilde{X}_{1(\tilde{N}_1)} &= (1-b_1)\bar{X}_{1(m)} + b_1\hat{\bar{X}}_{1(\tilde{N}_1-m)}, \\ \tilde{X}_{2(\tilde{N}_2)} &= (1-b_2)\bar{X}_{2(m)} + b_2\hat{\bar{X}}_{2(\tilde{N}_2-m)}\end{aligned} \tag{A.19}$$

とする．ただし

$$\begin{aligned}b_1 &= \frac{\tilde{N}_1 - m}{\tilde{N}_1}\left(1+\sqrt{\frac{m(\tilde{N}_1 z - S_1^2)}{(\tilde{N}_1 - m)S_1^2}}\right), \\ b_2 &= \frac{\tilde{N}_2 - m}{\tilde{N}_2}\left(1+\sqrt{\frac{m(\tilde{N}_2 z - S_2^2)}{(\tilde{N}_2 - m)S_2^2}}\right)\end{aligned}$$

である．検定方法は

表 A.2　$\gamma_\alpha, \gamma_\beta(\alpha = 0.05, \beta = 0.1)$

m	10	12	14	16	18	20	∞
γ_α	2.615	2.556	2.517	2.490	2.469	2.453	2.326
$\gamma_{\alpha/2}$	3.181	3.095	3.039	3.000	2.970	2.948	2.772
γ_β	1.995	1.961	1.937	1.919	1.906	1.895	1.812

$$T = \frac{\tilde{X}_{1(\tilde{N}_1)} - \tilde{X}_{2(\tilde{N}_2)}}{\sqrt{z}} > \gamma_\alpha \tag{A.20}$$

ならば，H_0 を棄却する．このとき次のことが成り立つ．

定理 A.13

検定方法 (A.20) は仮説検定 (A.14) の条件を満たす．

(A.18) より $\lim_{m\to\infty} \gamma_\eta = \sqrt{2} z_\eta$ である．ここで，z_η は標準正規分布の上側 100η% 点を表す．表 A.2 は，$\alpha = 0.05, \beta = 0.1, m = 10, 12, \ldots, 20$ に対する $\gamma_\alpha, \gamma_{\alpha/2}, \gamma_\beta$ の値であり，$m = \infty$ の値は，$\sqrt{2} z_\eta$ の値である．$\gamma_{\alpha/2}$ の値は両側対立仮説のときに用いる（注意 A.5）．

【例題 A.3】　例題 A.2 を取り上げる．ただし，母分散は等しいとは限らないとする．分散不均一法を用いて標本数の決定と検定方法を構成する．

第一段階におけるデータは例題 A.2 と同じとし，$\bar{X}_{1(10)} = 59.0, \bar{X}_{2(10)} = 53.6$ とする．$\alpha = 0.05, \beta = 0.1$ であるので，表 A.2 より $\gamma_\alpha = 2.615$，$\gamma_\beta = 1.995$ である．したがって，$z = 5^2/(2.615 + 1.995)^2 = 1.176$ であり，$S_1^2 = 14.83, S_2^2 = 63.25$ であるので，全標本数は (A.17) より

$$\tilde{N}_1 = \max\left\{10+1, \left[\frac{14.83}{1.176}\right]+1\right\} = 13,$$
$$\tilde{N}_2 = \max\left\{10+1, \left[\frac{63.25}{1.176}\right]+1\right\} = 54$$

となる．ペンキ A の場合，さらに，$13 - 10 = 3$ 個の製品に，ペンキ B の場合，さらに，$54 - 10 = 44$ 個の製品に使用し乾燥までの時間を求める

と，それらの標本平均が $\hat{\hat{X}}_{1(3)} = 60.5, \hat{\hat{X}}_{2(44)} = 55.0$ であった．

$$b_1 = \frac{13-10}{13}\left(1+\sqrt{\frac{10(13\times 1.176-14.83)}{(13-10)\times 14.83}}\right) = 0.30,$$
$$b_2 = \frac{54-10}{54}\left(1+\sqrt{\frac{10(54\times 1.176-63.25)}{(54-10)\times 63.25}}\right) = 0.84$$

であるので，(A.19) より

$$\tilde{X}_{1(13)} = (1-0.30)\times 59.0 + 0.30\times 60.5 = 59.5$$
$$\tilde{X}_{2(54)} = (1-0.84)\times 53.6 + 0.84\times 55.0 = 54.8$$

となる．したがって，(A.20) より

$$T = \frac{59.5-54.8}{\sqrt{1.176}} = 4.33 > 2.615$$

となり，H_0 は棄却される．新たなペンキに乾燥時間の短縮の効果はあるといえる．

注意 A.5
対立仮説が $\mathrm{H}_1 : \mu_1 < \mu_2$ で，$\mu_2-\mu_1 \geq d(>0)$ のとき，検出力を $1-\beta(0<\beta<1)$ 以上にするには標本数を (A.17) で定め，$T < -\gamma_\alpha$ ならば，H_0 を棄却する．両側対立仮説 $\mathrm{H}_1 : \mu_1 \neq \mu_2$ で，$|\mu_1-\mu_2| \geq d(>0)$ のとき検出力を $1-\beta(0<\beta<1)$ 以上にするには，標本数を (A.17) で γ_α を $\gamma_{\alpha/2}$ に変更して求め，$|T| > \gamma_{\alpha/2}$ ならば，H_0 を棄却する．

例題 A.2 と例題 A.3 の標本数を比較すると，二段階推測法の全標本数は $2\times 30 = 60$，分散不均一法を適用すると全標本数は $13+54=67$ である．等分散を仮定した二段階推測法の方が全標本数は少ない．一般に，次のことが成り立つ．

定理 A.14

(A.15) と (A.17) の標本数を比較すると

$$\tilde{N}_1 + \tilde{N}_2 + 1 \geq 2N$$

が成立する.

A.3 IZ 方式と CS 方式の同等性

$\Pi_1, \ldots, \Pi_k$ を $k(\geq 2)$ 個の母集団とする．各母集団分布を特徴付ける母数を $\theta_1, \ldots, \theta_k$ とし，それらを大きさの順に並べ替えた値を $\theta_{[1]} \leq \cdots \leq \theta_{[k]}$ とする．$\theta_{[i]}$ に対応する母集団を $\Pi_{(i)}, i = 1, \ldots, k$ とし，$\Pi_{(k)}$ を最良母集団とする．次の条件を満たす実数値関数 $\delta(a, b)$ を用いて，母数間の分離度を定義する.

1) $\delta(a, b) \geq 0$ であり，$a = b$ のときに限り $\delta(a, b) = 0$
2) $\delta(b, a) = \delta(a, b)$
3) b を固定したとき，$\delta(a, b)$ は $a \geq b$ のとき a の単調増加関数（$a \leq b$ のときは単調減少関数）

$\delta(a, b)$ としては，$\delta(a, b) = |a - b|$，$\delta(a, b) = |\log(a/b)|$ などが用いられる.

IZ 方式では，与えられた $\delta^*(> 0)$ に対して母数空間 $\Theta = \{\boldsymbol{\theta} = (\theta_1, \ldots, \theta_k)\}$ を重要領域 Θ_P と非重要領域 $\bar{\Theta}_P$

$$\Theta_P = \{\boldsymbol{\theta} = (\theta_1, \ldots, \theta_k); \delta(\theta_{[k]}, \theta_{[k-1]}) \geq \delta^*\},$$
$$\bar{\Theta}_P = \{\boldsymbol{\theta} = (\theta_1, \ldots, \theta_k); \delta(\theta_{[k]}, \theta_{[k-1]}) < \delta^*\}$$

の二つに分割する．重要領域では正しい選択 (CS) を，確率 $P^*(0 < P^* < 1)$ で保証する．すなわち

$$P_{\boldsymbol{\theta}}(\mathrm{CS}) \geq P^*, \quad \boldsymbol{\theta} \in \Theta_P \tag{A.21}$$

を満たすよう選択方法を決める．一方，CS 方式では，与えられた $\delta^*(> 0)$ と確率 $P^*(0 < P^* < 1)$ に対して

$$P_{\boldsymbol{\theta}}(\delta(\theta_{[k]}, \theta_S) < \delta^*) \geq P^*, \quad \boldsymbol{\theta} \in \Theta \tag{A.22}$$

を満たすように選択方法を決める．ここで，θ_S は選択した母集団の母数を表す．明らかに，選択方法が (A.22) を満たせば，(A.21) を満たす．次の結果は 2 つの方式は同等であることを示している．

定理 A.15

各母集団からの標本に基づく母数 $\theta_1, \ldots, \theta_k$ の推定量を $\hat{\theta}_1, \ldots, \hat{\theta}_k$ とし

$$\hat{\theta}_i = \max\{\hat{\theta}_1, \ldots, \hat{\theta}_k\}$$

であるとき，母集団 Π_i を選択する．ただし，$\hat{\theta}_1, \ldots, \hat{\theta}_k$ の分布は連続型（同じ値をとる確率は 0）とする．この選択方法が (A.21) を満たせば (A.22) を満たす．

母比率に関する選択方法 (3.1) においては，推定量は離散型になるが同様の結果が成り立つ．

定理 A.16

選択方法 (3.1) が (A.21) を満たせば (A.22) を満たす．

A.4 重要な不等式

選択方法の構成に用いられるスレピアンの不等式とボンフェローニの不等式について解説する．

まず，スレピアンの不等式について説明する．$\mathbf{X} = (X_1, \ldots, X_k)'$ は k 次元正規分布 $N_k(\mathbf{0}, R)$ に従う確率ベクトルとする．ただし $R = (\rho_{ij})$ は相関行列を表す．すなわち，$\rho_{ii} = 1, -1 < \rho_{ij} < 1, i, j = 1, \ldots, k, i \neq j$ である．ベクトル $\boldsymbol{a} = (a_1, \ldots, a_k)'$ に対して

$$\alpha(k, \boldsymbol{a}, R) = P(X_i \leq a_i, i = 1, \ldots, k)$$

とおくと，次のことが成り立つ．

補題 A.1 （スレピアンの不等式）

$R = (\rho_{ij}), T = (\tau_{ij})$ は相関行列で，$\rho_{ij} \geq \tau_{ij}, i, j = 1, \ldots, k, i \neq j$ とすると

$$\alpha(k, \boldsymbol{a}, R) \geq \alpha(k, \boldsymbol{a}, T)$$

が成立する．

補題 A.1 から次の結果が得られる．

定理 A.17

$\mathbf{X} = (X_1, \ldots, X_k)'$ の相関行列 $R = (\rho_{ij})$ が $\rho_{ij} \geq 0, i, j = 1, \ldots, k, i \neq j$ を満たすとき

$$P(X_i \leq a_i, i = 1, \ldots, k) \geq \prod_{i=1}^{k} P(X_i \leq a_i)$$

が成立する．

次にボンフェローニの不等式について説明する．

定理 A.18 （ボンフェローニの不等式）

k 個の事象 $E_1, \ldots, E_k$ に対して

$$P\left(\bigcap_{i=1}^{k} E_i\right) \geq 1 - \sum_{i=1}^{k} P(\bar{E}_i)$$

である．ここで，$\bar{E}_i$ は E_i の補事象を表す．

補注

位置-尺度分布族において，標本数を固定すると推測方法が構成できないことについて，仮説検定は Dantzig [13]，推定は Lehmann [33]，最良母集団の選択は

Dudewicz [15] により示された．他の分布族に対しても標本数を固定すると推測方法が構成できない場合がある．詳しくは，Takada [46, 47] を参照.

二段階推測法は Stein [45] の論文から始まる (Lehmann [34], pp.258-260)．分散不均一法は，その論文で提案されているが，その名は Dudewicz and Bishop [16] の論文に現れるのが最初である．その方法は複数の正規母集団の母平均に関する推測で母分散が等しいとは限らない場合に有用である．分散不均一法に関しては Chapman [11]，Bishop and Dudewicz [9, 10], Taneja and Dudewicz [54] 等の論文が参考になる．Ghurye [20] は，二段階推測法を位置-尺度分布族の位置母数に関する仮説検定へ応用している．

正規分布の母平均に関する仮説検定への二段階推測法の応用を述べたが，推定問題においても，定理 A.2 で示されたように，標本数を固定すると推測方法が構成できない場合がある．この問題に関する二段階推測法の適用に関しては，高田・青嶋 [52] が参考になる．

なお，スレピアンの不等式 (Slepian [43]) の証明は Tong [56] の書籍を参考にした．また，仮説検定において t 検定を用いる場合の標本数の決定に関しては永田 [38] の書籍が参考になる．

付 録 B　定理の証明

B.1　第1章

● 定理 1.1 の証明

$\mu_{[i]}$ に対応する母集団の標本平均を $\bar{X}_{(i)}, i = 1, \ldots, k$ とする．$\mu_{[k]} - \mu_{[k-1]} \geq \delta^*$ であるので

$$
\begin{aligned}
P(\mathrm{CS}) &= P(\bar{X}_{(k)} > \bar{X}_{(i)}, i = 1, \ldots, k-1) \\
&= P\biggl(\frac{\sqrt{N}(\bar{X}_{(k)} - \mu_{[k]})}{\sigma} + \frac{\sqrt{N}(\mu_{[k]} - \mu_{[i]})}{\sigma} > \frac{\sqrt{N}(\bar{X}_{(i)} - \mu_{[i]})}{\sigma}, \\
&\qquad\qquad i = 1, \ldots, k-1\biggr) \\
&\geq P\biggl(\frac{\sqrt{N}(\bar{X}_{(k)} - \mu_{[k]})}{\sigma} + \frac{\sqrt{N}\delta^*}{\sigma} > \frac{\sqrt{N}(\bar{X}_{(i)} - \mu_{[i]})}{\sigma}, \\
&\qquad\qquad i = 1, \ldots, k-1\biggr)
\end{aligned}
$$

である．$S_i^2, i = 1, \ldots, k$ を与えたとき $\sqrt{N}(\bar{X}_{(i)} - \mu_{[i]})/\sigma$ の条件付き分布は，標準正規分布であり（付録 A 定理 A.4），(1.6) より $N \geq h^2\hat{\sigma}^2/\delta^{*2}$ であるので

$$
\begin{aligned}
P(\mathrm{CS}) &\geq E\left\{\int_{-\infty}^{\infty} \Phi^{k-1}\left(x + \frac{\sqrt{N}\delta^*}{\sigma}\right)\phi(x)dx\right\} \\
&\geq E\left\{\int_{-\infty}^{\infty} \Phi^{k-1}\left(x + h\sqrt{\frac{\hat{\sigma}^2}{\sigma^2}}\right)\phi(x)dx\right\}
\end{aligned}
$$

となる．$\nu = k(m-1)$ とおくと，$\nu\hat{\sigma}^2/\sigma^2$ の分布は自由度 ν のカイ二乗分布であるので，(1.7) より

$$
P(\mathrm{CS}) \geq \int_0^{\infty}\left\{\int_{-\infty}^{\infty} \Phi^{k-1}\left(x + h\sqrt{\frac{y}{\nu}}\right)\phi(x)dx\right\} f_\nu(y)dy = P^*
$$

となり，定理が証明される． □

● **定理 1.2 の証明**

$\mu_{[i]}$ に対応する母集団の母分散を $\sigma^2_{(i)}$，第一段階の標本分散を $S^2_{(i)}$，標本数を $N_{(i)}$，標本平均を $\bar{X}_{(i)}$ とする．

$$\begin{aligned}P(\mathrm{CS}) &= P(\bar{X}_{(i)} < \bar{X}_{(k)}, i = 1, \ldots, k-1)\\ &= P\left(\frac{\bar{X}_{(i)} - \bar{X}_{(k)} - \mu_{[i]} + \mu_{[k]}}{\sqrt{\sigma^2_{(i)}/N_{(i)} + \sigma^2_{(k)}/N_{(k)}}} < \frac{\mu_{[k]} - \mu_{[i]}}{\sqrt{\sigma^2_{(i)}/N_{(i)} + \sigma^2_{(k)}/N_{(k)}}},\right.\\ &\qquad\qquad\qquad\qquad\qquad\qquad\qquad\qquad\left. i = 1, \ldots, k-1\right)\end{aligned}$$

$\mu_{[k]} - \mu_{[k-1]} \geq \delta^*$ であり，(1.10) より，$N_{(i)} \geq \tilde{h}^2 S^2_{(i)}/\delta^{*2}, i = 1, \ldots, k$ であるので

$$\begin{aligned}\frac{\mu_{[k]} - \mu_{[i]}}{\sqrt{\sigma^2_{(i)}/N_{(i)} + \sigma^2_{(k)}/N_{(k)}}} &\geq \frac{\delta^*}{\sqrt{\sigma^2_{(i)}/N_{(i)} + \sigma^2_{(k)}/N_{(k)}}}\\ &\geq \frac{\tilde{h}}{\sqrt{\sigma^2_{(i)}/S^2_{(i)} + \sigma^2_{(k)}/S^2_{(k)}}}\end{aligned}$$

となる．したがって

$$P(\mathrm{CS}) \geq P(Z_i < Q_i, i = 1, \ldots, k-1)$$

ここで

$$Z_i = \frac{\bar{X}_{(i)} - \bar{X}_{(k)} - \mu_{[i]} + \mu_{[k]}}{\sqrt{\sigma^2_{(i)}/N_{(i)} + \sigma^2_{(k)}/N_{(k)}}}, \quad Q_i = \frac{\tilde{h}}{\sqrt{\sigma^2_{(i)}/S^2_{(i)} + \sigma^2_{(k)}/S^2_{(k)}}}$$

である．$S^2_i, i = 1, \ldots, k$ を与えたとき，$Z_i, i = 1, \ldots, k-1$ の条件付き分布は，多変量正規分布である（付録 A 定理 A.4）．さらに，Z_i の平均は 0，分散は 1 であり，Z_i と $Z_j (i \neq j)$ の相関係数は正の値をとるので，スレピアンの不等式（付録 A 定理 A.17）より

$$P(Z_i < Q_i, i = 1, \ldots, k-1 | S_1^2, \ldots, S_k^2) \geq \prod_{i=1}^{k-1} P(Z_i < Q_i | S_1^2, \ldots, S_k^2) = \prod_{i=1}^{k-1} \Phi(Q_i)$$

である．$\nu = m-1, Y_i = \nu S_{(i)}^2/\sigma_{(i)}^2, i = 1, \ldots, k$ とおく．$Y_i, i = 1, \ldots, k$ は互いに独立で，自由度 ν のカイ二乗分布に従うので

$$\begin{aligned} P(\mathrm{CS}) &\geq E\left\{\prod_{i=1}^{k-1} \Phi\left(\frac{\tilde{h}}{\sqrt{\nu(1/Y_i + 1/Y_k)}}\right)\right\} \\ &= E\left\{E\left(\prod_{i=1}^{k-1} \Phi\left(\frac{\tilde{h}}{\sqrt{\nu(1/Y_i + 1/Y_k)}}\right) \middle| Y_k\right)\right\} \\ &= \int_0^\infty \left\{\int_0^\infty \Phi\left(\frac{\tilde{h}}{\sqrt{\nu(1/x + 1/y)}}\right) f_\nu(x)dx\right\}^{k-1} f_\nu(y)dy \end{aligned}$$

となり，(1.11) より定理が証明される． □

● 定理 1.3 の証明

$\mu_{[i]}$ に対応する (1.15) の推定量を $\tilde{X}_{(i)}$ とし，$T_i = (\tilde{X}_{(i)} - \mu_{[i]})/\sqrt{z}, i = 1, \ldots, k$ とする．ただし $z = \delta^{*2}/\gamma^2$ である．T_i の分布は，自由度 $\nu = m-1$ の t 分布 である（付録 A 定理 A.6）．$\mu_{[k]} - \mu_{[k-1]} \geq \delta^*$ であるので

$$\begin{aligned} P(\mathrm{CS}) &= P(\tilde{X}_{(i)} < \tilde{X}_{(k)}, i = 1, \ldots, k-1) \\ &= P(T_i < T_k + \frac{\mu_{[k]} - \mu_{[i]}}{\sqrt{z}}, i = 1, \ldots, k-1) \\ &\geq P(T_i < T_k + \frac{\delta^*}{\sqrt{z}}, i = 1, \ldots, k-1) \\ &= P(T_i < T_k + \gamma, i = 1, \ldots, k-1) \\ &= \int_{-\infty}^\infty \Psi_\nu^{k-1}(x+\gamma)\psi_\nu(x)dx \end{aligned}$$

となる．(1.14) より定理が証明される． □

定理 1.4 を示すために次の補題が必要である.

補題 B.1

(1.11), (1.14) の解 $\tilde{h}, \gamma$ に関して不等式 $\tilde{h} \geq \gamma$ が成立する.

証明 (1.14) より

$$
\begin{aligned}
P^* &= \int_{-\infty}^{\infty} \Psi_\nu^{k-1}(x+\gamma)\psi_\nu(x)dx \\
&= P\left(\frac{Z_i}{\sqrt{W_i/\nu}} - \frac{Z_k}{\sqrt{W_k/\nu}} < \gamma, i = 1, \ldots, k-1\right)
\end{aligned}
$$

と表すことができる. ここで, $\nu = m - 1$, $Z_1, \ldots, Z_k$ は互いに独立で標準正規分布に従う確率変数, $W_1, \ldots, W_k$ は互いに独立で自由度 ν のカイ二乗分布に従う確率変数で, $Z_1, \ldots, Z_k$ と $W_1, \ldots, W_k$ も独立である.

$$
U_i = \frac{Z_i}{\sqrt{W_i/\nu}} - \frac{Z_k}{\sqrt{W_k/\nu}}, \quad i = 1, \ldots, k-1
$$

とおく. $W_1, \ldots, W_k$ が与えられたとき, U_i の条件付き分布は平均 0, 分散 $\nu/W_i + \nu/W_k$ の正規分布である.

$$
\tilde{U}_i = \frac{U_i}{\sqrt{\nu/W_i + \nu/W_k}}, \quad i = 1, \ldots, k-1
$$

とおくと, スレピアンの不等式 (付録 A 定理 A.17) より

$$
\begin{aligned}
P^* &= \left(\tilde{U}_i < \frac{\gamma}{\sqrt{\nu/W_i + \nu/W_k}}, i = 1, \ldots, k-1\right) \\
&= E\left\{P\left(\tilde{U}_i < \frac{\gamma}{\sqrt{\nu/W_i + \nu/W_k}}, i = 1, \ldots, k-1 \;\middle|\; W_1, \ldots, W_k\right)\right\} \\
&\geq E\left\{\prod_{i=1}^{k-1} \Phi\left(\frac{\gamma}{\sqrt{\nu/W_i + \nu/W_k}}\right)\right\} \\
&= \int_0^\infty \left\{\int_0^\infty \Phi\left(\frac{\gamma}{\sqrt{\nu(1/x + 1/y)}}\right) f_\nu(x)dx\right\}^{k-1} f_\nu(y)dy
\end{aligned}
$$

が成り立ち, (1.11) より, $\tilde{h} \geq \gamma$ が示される. □

● 定理 1.4 の証明

(1.10) と補題 B.1 より

$$N_i \geq \frac{\tilde{h}^2 S_i^2}{\delta^{*2}} \geq \frac{\gamma^2 S_i^2}{\delta^{*2}}$$

であるので

$$N_i \geq \left[\frac{\gamma^2 S_i^2}{\delta^{*2}}\right] + 1$$

また，$N_i + 1 \geq m + 1$ であるので，(1.13) より定理が証明される．　□

● 定理 1.5 の証明

$S_i^2, i = 1, \ldots, k$ を与えたとき $\sqrt{N}(\bar{X}_{i(N)} - \mu_i)/\sigma, i = 1, \ldots, k$ の条件付き分布は互いに独立で標準正規分布である（付録 A 定理 A.4）．したがって，$\mu_{[k]} \leq \mu_0$ のときは

$$\begin{aligned}
P(\mathrm{CS}) &= P(\bar{X}_{i(N)} \leq \mu_0 + c, i = 1, \ldots, k) \\
&= P\left(\frac{\sqrt{N}(\bar{X}_{i(N)} - \mu_i)}{\sigma} \leq \frac{\sqrt{N}(\mu_0 + c - \mu_i)}{\sigma}, i = 1, \ldots, k\right) \\
&= E\left\{\prod_{i=1}^{k} \Phi\left(\frac{\sqrt{N}(\mu_0 + c - \mu_i)}{\sigma}\right)\right\} \\
&\geq E\left\{\Phi^k\left(\frac{\sqrt{N}c}{\sigma}\right)\right\}
\end{aligned}$$

(1.23) より $N \geq g_E^2 \hat{\sigma}^2/\delta^{*2}$，また，(1.24) より $c = h_E \delta^*/g_E$ であるので，(1.25) より

$$P(\mathrm{CS}) \geq E\left\{\Phi^k\left(h_E\sqrt{\frac{\hat{\sigma}^2}{\sigma^2}}\right)\right\} = \int_0^\infty \Phi^k\left(h_E\sqrt{\frac{x}{\nu}}\right) f_\nu(x)dx = P_0^*$$

である．

$\mu_{[k]} \geq \max(\mu_{[k-1]}, \mu_0) + \delta^*$ とする．$\mu_{[i]}$ を母平均に持つ母集団からの標本平均を $\bar{X}_{(i)}, i = 1, \ldots, k$ とすると

$$P(\mathrm{CS}) = P(\bar{X}_{(k)} > \bar{X}_{(i)}, i = 1, \ldots, k-1, \bar{X}_{(k)} > \mu_0 + c)$$

である．$Z_i = \sqrt{N}(\bar{X}_{(i)} - \mu_{[i]})/\sigma, i = 1, \ldots, k$ とおくと

$$\begin{aligned} P(\mathrm{CS}) &= P\Biggl(Z_k + \frac{\sqrt{N}(\mu_{[k]} - \mu_{[i]})}{\sigma} > Z_i, i = 1, \ldots, k-1, \\ &\qquad\qquad Z_k > \frac{\sqrt{N}(\mu_0 + c - \mu_{[k]})}{\sigma} \Biggr) \\ &= E\left\{ \int_a^\infty \left\{ \prod_{i=1}^{k-1} \Phi\left(x + \frac{\sqrt{N}(\mu_{[k]} - \mu_{[i]})}{\sigma} \right) \right\} \phi(x)dx \right\} \\ &\geq E\left\{ \int_a^\infty \Phi^{k-1}\left(x + \frac{\sqrt{N}\delta^*}{\sigma} \right) \phi(x)dx \right\} \end{aligned}$$

となる．ここで，$a = \sqrt{N}(\mu_0 + c - \mu_{[k]})/\sigma \leq \sqrt{N}(c - \delta^*)/\sigma$ である．$P_1^* > 1/2$ のとき $c < \delta^*$ に注意すると，(1.23) より，$N \geq g_E^2 \hat{\sigma}^2/\delta^{*2}$ であるので

$$a \leq \frac{g_E(c - \delta^*)}{\delta^*}\sqrt{\frac{\hat{\sigma}^2}{\sigma^2}} = (h_E - g_E)\sqrt{\frac{\hat{\sigma}^2}{\sigma^2}}$$

であり，$b = (h_E - g_E)\sqrt{\hat{\sigma}^2/\sigma^2}$ とおくと，(1.25) より

$$\begin{aligned} P(\mathrm{CS}) &\geq E\left\{ \int_b^\infty \Phi^{k-1}\left(x + g_E\sqrt{\frac{\hat{\sigma}^2}{\sigma^2}} \right) \phi(x)dx \right\} \\ &= \int_0^\infty \int_0^\infty \left\{ \int_{(h_E - g_E)\sqrt{y/\nu}}^\infty \Phi^{k-1}\left(x + g_E\sqrt{\frac{y}{\nu}} \right) \phi(x)dx \right\} f_\nu(y)dy \\ &= P_1^* \end{aligned}$$

となり，定理が証明される．□

● 定理 1.6 の証明

$\mu_{[k]} \leq \mu_0$ とする．このとき

$$
\begin{aligned}
P(\mathrm{CS}) &= P(\bar{X}_{i(N_i)} \le \mu_0 + c, i = 1, \ldots, k) \\
&= P\left(\prod_{i=1}^{k} \Phi\left(\frac{\sqrt{N_i}(\mu_0 + c - \mu_i)}{\sigma_i}\right)\right) \\
&\ge E\left\{\prod_{i=1}^{k} \Phi\left(\frac{\sqrt{N_i}c}{\sigma_i}\right)\right\}
\end{aligned}
$$

である．(1.29) より，$N_i \ge g_R^2 S_i^2/\delta^{*2}$ であり，$c = h_R\delta^*/g_R$ であるので，(1.28) より

$$
\begin{aligned}
P(\mathrm{CS}) &\ge E\left\{\prod_{i=1}^{k} \Phi\left(h_R\sqrt{\frac{S_i^2}{\sigma_i^2}}\right)\right\} \\
&= \prod_{i=1}^{k} E\left\{\Phi\left(h_R\sqrt{\frac{S_i^2}{\sigma_i^2}}\right)\right\} = \Psi_\nu^k(h_R) = P_0^*
\end{aligned}
$$

となる．

$\mu_{[k]} \ge \max(\mu_{[k-1]}, \mu_0) + \delta^*$ とする．$\mu_{[i]}$ を母平均に持つ母集団からの標本数，標本平均，母分散，標本分散を $N_{(i)}, \bar{X}_{(i)}, \sigma_{(i)}^2, S_{(i)}^2, i = 1, \ldots, k$ とすると

$$
P(\mathrm{CS}) = P(\bar{X}_{(k)} > \bar{X}_{(i)}, i = 1, \ldots, k-1, \bar{X}_{(k)} > \mu_0 + c)
$$

である．

$$
\begin{aligned}
U_i &= \frac{\bar{X}_{(i)} - \bar{X}_{(k)} - \mu_{[i]} + \mu_{[k]}}{\sqrt{\sigma_{(i)}^2/N_{(i)} + \sigma_{(k)}^2/N_{(k)}}}, \quad i = 1, \ldots, k-1, \quad U_k = -\frac{\bar{X}_{(k)} - \mu_{[k]}}{\sqrt{\sigma_{(k)}^2/N_{(k)}}} \\
G_i &= \frac{\mu_{[k]} - \mu_{[i]}}{\sqrt{\sigma_{(i)}^2/N_{(i)} + \sigma_{(k)}^2/N_{(k)}}}, \quad i = 1, \ldots, k-1, \quad G_k = \frac{\mu_{[k]} - \mu_0 - c}{\sqrt{\sigma_{(k)}^2/N_{(k)}}}
\end{aligned}
$$

とおくと

$$
P(\mathrm{CS}) = P(U_i < G_i, i = 1, \ldots, k-1, U_k < G_k)
$$

である．$P_1^* > 1/2$ のとき $c < \delta^*$ に注意すると，(1.29) より，$N_{(i)} \ge g_R^2 S_{(i)}^2/\delta^{*2}$ であるので

$$G_i \geq \frac{g_R}{\sqrt{\sigma^2_{(i)}/S^2_{(i)} + \sigma^2_{(k)}/S^2_{(k)}}} = Q_i, \quad i = 1, \ldots, k-1,$$
$$G_k \geq \frac{g_R - h_R}{\sqrt{\sigma^2_{(k)}/S^2_{(k)}}} = Q_k$$

であり

$$P(\mathrm{CS}) \geq P(U_i < Q_i, i = 1, \ldots, k-1, U_k < Q_k)$$

である．$S_1^2, \ldots, S_k^2$ を与えたとき，$U_1, \ldots, U_k$ の条件付き分布は多変量正規分布であり（付録 A 定理 A.4），U_i と $U_j (i \neq j)$ の相関係数は非負であるので，スレピアンの不等式（付録 A 定理 A.17）より

$$\begin{aligned} P(\mathrm{CS}) &\geq E\{P(U_i < Q_i, i = 1, \ldots, k-1, U_k < Q_k | S_1^2, \ldots, S_k^2)\} \\ &\geq E\left\{\left(\prod_{i=1}^{k-1} P(U_i < Q_i | S_1^2, \ldots, S_k^2)\right) P(U_k < Q_k | S_1^2, \ldots, S_k^2)\right\} \\ &= E\left\{\left(\prod_{i=1}^{k-1} \Phi(Q_i)\right) \Phi(Q_k)\right\} \end{aligned}$$

である．$\nu = m - 1$ とおくと，(1.28) より

$$\begin{aligned} P(\mathrm{CS}) \geq \int_0^\infty &\left\{\int_0^\infty \Phi\left(\frac{g_R}{\sqrt{\nu(1/x + 1/y)}}\right) f_\nu(x)dx\right\}^{k-1} \\ &\times \Phi\left((g_R - h_R)\sqrt{\frac{y}{\nu}}\right) f_\nu(y)dy = P_1^* \end{aligned}$$

となり，定理が証明される．□

● 定理 1.7 の証明

$T_i = (\tilde{X}_{i(\tilde{N}_i)} - \mu_i)/\sqrt{z}, i = 1, \ldots, k$ の分布は，自由度 $\nu = m - 1$ の t 分布である（付録 A 定理 A.6）．ここで，$z = \delta^{*2}/g_D^2$ である．

$\mu_{[k]} \leq \mu_0$ とする．このとき，(1.31) より

$$
\begin{aligned}
P(\mathrm{CS}) &= P(\tilde{X}_{i(\tilde{N}_i)} \le \mu_0 + c, i = 1, \ldots, k) \\
&= P\left(T_i \le \frac{\mu_0 + c - \mu_i}{\sqrt{z}}, i = 1, \ldots, k\right) \\
&\ge P\left(T_i \le \frac{c}{\sqrt{z}}, i = 1, \ldots, k\right) \\
&= P(T_i \le h_D, i = 1, \ldots, k) \\
&= \Psi_\nu^k(h_D) = P_0^*
\end{aligned}
$$

となる.

$\mu_{[k]} \ge \max(\mu_{[k-1]}, \mu_0) + \delta^*$ とする. $\mu_{[i]}$ に対応する $\tilde{X}_{i(\tilde{N}_i)}, T_i$ を $\tilde{X}_{(i)}$, $T_{(i)}$ とすると, (1.31) より

$$
\begin{aligned}
P(\mathrm{CS}) &= P(\tilde{X}_{(k)} > \tilde{X}_{(i)}, i = 1, \ldots, k-1, \tilde{X}_{(k)} > \mu_0 + c) \\
&= P\Bigg(T_{(k)} > T_{(i)} + \frac{\mu_{[i]} - \mu_{[k]}}{\sqrt{z}}, i = 1, \ldots, k-1, \\
&\qquad\qquad T_{(k)} > \frac{\mu_0 + c - \mu_{[k]}}{\sqrt{z}}\Bigg) \\
&\ge P\left(T_{(k)} > T_{(i)} - \frac{\delta^*}{\sqrt{z}}, i = 1, \ldots, k-1, T_{(k)} > \frac{c - \delta^*}{\sqrt{z}}\right) \\
&= P(T_{(k)} > T_{(i)} - g_D, i = 1, \ldots, k-1, T_{(k)} > h_D - g_D) \\
&= \int_{h_D - g_D}^{\infty} \Psi_\nu^{k-1}(x + g_D)\psi_\nu(x)dx = P_1^*
\end{aligned}
$$

となり, 定理が証明される. □

定理 1.8 を示すために次の補題が必要である.

補題 B.2

(1.28) と (1.31) の解 g_R, g_D に関して不等式 $g_R \ge g_D$ が成立する.

証明　$h_R = h_D$ に注意する. (1.31) より

$$P_1^* = \int_{h_D - g_D}^{\infty} \Psi_\nu^{k-1}(x + g_D)\psi_\nu(x)dx$$
$$= P\left(\frac{Z_i}{\sqrt{W_i/\nu}} - \frac{Z_k}{\sqrt{W_k/\nu}} < g_D, i = 1, \ldots, k-1, \right.$$
$$\left. \frac{Z_k}{\sqrt{W_k/\nu}} > h_R - g_D \right)$$

と表すことができる．ここで，$\nu = m - 1, Z_i, i = 1, \ldots, k$ は互いに独立で標準正規分布に従う確率変数，$W_i, i = 1, \ldots, k$ は互いに独立で自由度 ν のカイ二乗分布に従う確率変数で，$Z_i, i = 1, \ldots, k$ と $W_i, i = 1, \ldots, k$ も独立である．

$$U_i = \frac{\frac{Z_i}{\sqrt{W_i/\nu}} - \frac{Z_k}{\sqrt{W_k/\nu}}}{\sqrt{\nu(1/W_i + 1/W_k)}}, \quad i = 1, \ldots, k-1, \quad U_k = -Z_k$$

とおくと

$$P_1^* = P\left(U_i < \frac{g_D}{\sqrt{\nu(1/W_i + 1/W_k)}}, i = 1, \ldots, k-1, \right.$$
$$\left. U_k < (g_D - h_R)\sqrt{\frac{W_k}{\nu}} \right)$$

となる．スレピアンの不等式（付録 A 定理 A.17）より

$$P_1^* \geq E\left\{ \left(\prod_{i=1}^{k-1} \Phi\left(\frac{g_D}{\sqrt{\nu(1/W_i + 1/W_k)}} \right) \right) \Phi\left((g_D - h_R)\sqrt{\frac{W_k}{\nu}} \right) \right\}$$
$$= \int_0^\infty \left\{ \int_0^\infty \Phi\left(\frac{g_D}{\sqrt{\nu(1/x + 1/y)}} \right) f_\nu(x)dx \right\}^{k-1}$$
$$\times \Phi\left((g_D - h_R)\sqrt{\frac{y}{\nu}} \right) f_\nu(y)dy$$

が成り立つ．したがって，(1.28) より $g_R \geq g_D$ である．　□

● 定理 1.8 の証明

(1.29) と補題 B.2 より

$$N_i \geq \frac{g_R^2 S_i^2}{\delta^{*2}} \geq \frac{g_D^2 S_i^2}{\delta^{*2}}$$

であるので

$$N_i \geq \left[\frac{g_D^2 S_i^2}{\delta^{*2}}\right] + 1$$

である．また，$N_i + 1 \geq m + 1$ であるので，(1.32) より定理が証明される． □

● 定理 1.9 の証明

$S_i^2, i = 0, 1, \ldots, k$ を与えたときの $\sqrt{N}(\bar{X}_{i(N)} - \mu_i)/\sigma, i = 0, 1, \ldots, k$ の条件付き分布は，互いに独立で標準正規分布である（付録 A 定理 A.4）.

$\mu_{[k]} \leq \mu_0$ とする．

$$\begin{aligned}
P(\mathrm{CS}) &= P(\bar{X}_{i(N)} \leq \bar{X}_{0(N)} + c, i = 1, \ldots, k) \\
&= P\left(\frac{\sqrt{N}(\bar{X}_{i(N)} - \mu_i)}{\sigma} \leq \frac{\sqrt{N}(\bar{X}_{0(N)} - \mu_0)}{\sigma} + \frac{\sqrt{N}(\mu_0 + c - \mu_i)}{\sigma}, \right. \\
&\qquad\qquad\qquad\qquad\qquad\qquad\qquad\qquad\qquad \left. i = 1, \ldots, k\right) \\
&= E\left\{\int_{-\infty}^{\infty} \left(\prod_{i=1}^{k} \Phi\left(x + \frac{\sqrt{N}(\mu_0 + c - \mu_i)}{\sigma}\right)\right) \phi(x)dx\right\} \\
&\geq E\left\{\int_{-\infty}^{\infty} \Phi^k\left(x + \frac{\sqrt{N}c}{\sigma}\right) \phi(x)dx\right\}
\end{aligned}$$

(1.42) より $N \geq g_B^2 \hat{\sigma}^2 / \delta^{*2}$ であり，$c = h_B \delta^* / g_B$ であるので，(1.41) より

$$\begin{aligned}
P(\mathrm{CS}) &\geq E\left\{\int_{-\infty}^{\infty} \Phi^k\left(x + h_B\sqrt{\frac{\hat{\sigma}^2}{\sigma^2}}\right) \phi(x)dx\right\} \\
&= \int_0^{\infty} \left\{\int_{-\infty}^{\infty} \Phi^k\left(x + h_B\sqrt{\frac{y}{\nu}}\right) \phi(x)dy\right\} f_\nu(y)dy = P_0^*
\end{aligned}$$

となる．

$\mu_{[k]} \geq \max(\mu_{[k-1]}, \mu_0) + \delta^*$ とする．$\mu_{[i]}$ を母平均に持つ母集団からの標本平均を $\bar{X}_{(i)}, i = 1, \ldots, k$ とすると

$$
\begin{aligned}
P(\mathrm{CS}) &= P(\bar{X}_{(k)} > \bar{X}_{(i)}, i = 1, \ldots, k-1, \bar{X}_{(k)} > \bar{X}_0 + c) \\
&= E\left\{ \int_{-\infty}^{\infty} \left(\prod_{i=1}^{k-1} \Phi\left(x + \frac{\sqrt{N}(\mu_{[k]} - \mu_{[i]})}{\sigma} \right) \right) \right. \\
&\qquad \left. \times \Phi\left(x + \frac{\sqrt{N}(\mu_{[k]} - \mu_0 - c)}{\sigma} \right) \phi(x) dx \right\} \\
&\geq E\left\{ \int_{-\infty}^{\infty} \Phi^{k-1}\left(x + \frac{\sqrt{N}\delta^*}{\sigma} \right) \Phi\left(x + \frac{\sqrt{N}(\delta^* - c)}{\sigma} \right) \phi(x) dx \right\}
\end{aligned}
$$

である．$P_1^* > 1/2$ のとき $c < \delta^*$ に注意する．$\delta^* - c = \delta^*(g_B - h_B)/g_B$ であるので，$N \geq g_B^2 \hat{\sigma}^2 / \delta^{*2}$ と (1.41) より

$$
\begin{aligned}
P(\mathrm{CS}) &\geq E\left\{ \int_{-\infty}^{\infty} \Phi^{k-1}\left(x + g_B \sqrt{\frac{\hat{\sigma}^2}{\sigma^2}} \right) \right. \\
&\qquad \left. \times \Phi\left(x + (g_B - h_B) \sqrt{\frac{\hat{\sigma}^2}{\sigma^2}} \right) \phi(x) dx \right\} \\
&= \int_0^{\infty} \left\{ \int_{-\infty}^{\infty} \Phi^{k-1}\left(x + g_B \sqrt{\frac{y}{\nu}} \right) \right. \\
&\qquad \left. \times \Phi\left(x + (g_B - h_B) \sqrt{\frac{y}{\nu}} \right) \phi(x) dx \right\} f_\nu(y) dy = P_1^*
\end{aligned}
$$

となり，定理が証明される． □

● 定理 1.10 の証明

$S_i^2, i = 0, 1, \ldots, k$ を与えたときの $\sqrt{N_i}(\bar{X}_{i(N_i)} - \mu_i)/\sigma_i, i = 0, 1, \ldots, k$ の条件付き分布は，互いに独立で標準正規分布である（付録 A 定理 A.4）．

$\mu_{[k]} \leq \mu_0$ とする．

$$
W_i = \frac{\bar{X}_{i(N_i)} - \bar{X}_{0(N_0)} + \mu_0 - \mu_i}{\sqrt{\sigma_i^2/N_i + \sigma_0^2/N_0}}, \quad i = 1, \ldots, k
$$

とおくと

$$
\begin{aligned}
P(\mathrm{CS}) &= P(\bar{X}_{i(N_i)} \le \bar{X}_{0(N_0)} + c, i = 1, \ldots, k) \\
&= P\left(W_i \le \frac{c + \mu_0 - \mu_i}{\sqrt{\sigma_i^2/N_i + \sigma_0^2/N_0}}, i = 1, \ldots, k \right) \\
&\ge P\left(W_i \le \frac{c}{\sqrt{\sigma_i^2/N_i + \sigma_0^2/N_0}}, i = 1, \ldots, k \right)
\end{aligned}
$$

である．(1.46) より $N_i \ge g_N^2 S_i^2/\delta^{*2}, i = 0, 1, \ldots, k$ であるので

$$
\frac{\sigma_i^2}{N_i} + \frac{\sigma_0^2}{N_0} \le \frac{\delta^{*2}}{g_N^2}\left(\frac{\sigma_i^2}{S_i^2} + \frac{\sigma_0^2}{S_0^2} \right), \quad i = 1, \ldots, k
$$

である．スレピアンの不等式（付録 A 定理 A.17）を用いると，$c = h_N\delta^*/g_N$ と (1.45) より

$$
\begin{aligned}
P(\mathrm{CS}) &\ge P\left(W_i \le \frac{c g_N}{\delta^* \sqrt{\sigma_i^2/S_i^2 + \sigma_0^2/S_0^2}}, i = 1, \ldots, k \right) \\
&= P\left(W_i \le \frac{h_N}{\sqrt{\sigma_i^2/S_i^2 + \sigma_0^2/S_0^2}}, i = 1, \ldots, k \right) \\
&= E\left\{ P\left(W_i \le \frac{h_N}{\sqrt{\sigma_i^2/S_i^2 + \sigma_0^2/S_0^2}}, i = 1, \ldots, k \right| \right. \\
&\qquad\qquad\qquad\qquad \left. \left. S_i^2, i = 0, 1, \ldots, k \right) \right\} \\
&\ge E\left\{ \prod_{i=1}^{k} \Phi\left(\frac{h_N}{\sqrt{\sigma_i^2/S_i^2 + \sigma_0^2/S_0^2}} \right) \right\} \\
&= E\left\{ E\left\{ \prod_{i=1}^{k} \Phi\left(\frac{h_N}{\sqrt{\sigma_i^2/S_i^2 + \sigma_0^2/S_0^2}} \right) \middle| S_0^2 \right\} \right\} \\
&= E\left\{ \prod_{i=1}^{k} E\left\{ \Phi\left(\frac{h_N}{\sqrt{\sigma_i^2/S_i^2 + \sigma_0^2/S_0^2}} \right) \middle| S_0^2 \right\} \right\} \\
&= \int_0^\infty \left\{ \int_0^\infty \Phi\left(\frac{h_N}{\sqrt{\nu(1/x + 1/y)}} \right) f_\nu(x) dx \right\}^k f_\nu(y) dy = P_0^*
\end{aligned}
$$

である．

$\mu_{[k]} \geq \max(\mu_{[k-1]}, \mu_0) + \delta^*$ とする．一般性を失わず $\mu_{[k]} = \mu_k$ とする．

$$\tilde{W}_i = \frac{\bar{X}_{i(N_i)} - \bar{X}_{k(N_k)} + \mu_k - \mu_i}{\sqrt{\sigma_i^2/N_i + \sigma_k^2/N_k}}, \quad i = 0, 1, \ldots, k-1$$

とおくと

$$\begin{aligned}
P(\mathrm{CS}) &= P(\bar{X}_{k(N_k)} > \bar{X}_{i(N_i)}, i = 1, \ldots, k-1, \bar{X}_{k(N_k)} > \bar{X}_{0(N_0)} + c) \\
&= P\Bigg(\tilde{W}_i \leq \frac{\mu_k - \mu_i}{\sqrt{\sigma_i^2/N_i + \sigma_k^2/N_k}}, i = 1, \ldots, k-1, \\
&\qquad\qquad \tilde{W}_0 \leq \frac{\mu_k - \mu_0 - c}{\sqrt{\sigma_0^2/N_0 + \sigma_k^2/N_k}}\Bigg) \\
&\geq P\Bigg(\tilde{W}_i \leq \frac{\delta^*}{\sqrt{\sigma_i^2/N_i + \sigma_k^2/N_k}}, i = 1, \ldots, k-1, \\
&\qquad\qquad \tilde{W}_0 \leq \frac{\delta^* - c}{\sqrt{\sigma_0^2/N_0 + \sigma_k^2/N_k}}\Bigg)
\end{aligned}$$

である．$P_1^* > 1/2$ のとき $c < \delta^*$ に注意する．$\delta^* - c = \delta^*(g_N - h_N)/g_N$ であり，$N_i \geq g_N^2 S_i^2/\delta^{*2}, i = 0, 1, \ldots, k$ であるので

$$P(\mathrm{CS}) \geq P\Bigg(\tilde{W}_i \leq \frac{g_N}{\sqrt{\sigma_i^2/S_i^2 + \sigma_k^2/S_k^2}}, i = 1, \ldots, k-1, \quad \tilde{W}_0 \leq \frac{g_N - h_N}{\sqrt{\sigma_0^2/S_0^2 + \sigma_k^2/S_k^2}}\Bigg)$$

である．したがって，スレピアンの不等式（付録 A 定理 A.17）より

$$\begin{aligned}
P(\mathrm{CS}) &\geq E\Bigg\{E\Bigg\{\tilde{W}_i \leq \frac{g_N}{\sqrt{\sigma_i^2/S_i^2 + \sigma_k^2/S_k^2}}, i = 1, \ldots, k-1, \\
&\qquad\qquad \tilde{W}_0 \leq \frac{g_N - h_N}{\sqrt{\sigma_0^2/S_0^2 + \sigma_k^2/S_k^2}}\Bigg| S_i^2, i = 0, 1, \ldots, k\Bigg\}\Bigg\} \\
&\geq E\left\{\left(\prod_{i=1}^{k-1} \Phi\left(\frac{g_N}{\sqrt{\sigma_i^2/S_i^2 + \sigma_k^2/S_k^2}}\right)\right) \Phi\left(\frac{g_N - h_N}{\sqrt{\sigma_0^2/S_0^2 + \sigma_k^2/S_k^2}}\right)\right\}
\end{aligned}$$

$$= \int_0^\infty \left\{ \int_0^\infty \Phi\left(\frac{g_N}{\sqrt{\nu(1/x+1/y)}} \right) f_\nu(x)dx \right\}^{k-1}$$
$$\times \left\{ \int_0^\infty \Phi\left(\frac{g_N - h_N}{\sqrt{\nu(1/x+1/y)}} \right) f_\nu(x)dx \right\} f_\nu(y)dy$$

となり，(1.45) より定理が証明される． □

● 定理 1.11 の証明

$T_i = (\tilde{X}_{i(\tilde{N}_i)} - \mu_i)/\sqrt{z}, i = 0, 1, \ldots, k$ の分布は，自由度 $\nu = m-1$ の t 分布である（付録 A 定理 A.6）．ここで，$z = \delta^{*2}/g_D^2$ である．

$\mu_{[k]} \leq \mu_0$ とする．(1.48) と $c = h_D\delta^*/g_D$ より

$$\begin{aligned}
P(\mathrm{CS}) &= P(\tilde{X}_{i(\tilde{N}_i)} \leq \tilde{X}_{0(\tilde{N}_0)} + c, i = 1, \ldots, k) \\
&= P\left(T_i \leq T_0 + \frac{\mu_0 + c - \mu_i}{\sqrt{z}}, i = 1, \ldots, k \right) \\
&\geq P(T_i \leq T_0 + \frac{c}{\sqrt{z}}, i = 1, \ldots, k) \\
&= P(T_i \leq T_0 + h_D, i = 1, \ldots, k) \\
&= \int_{-\infty}^\infty \Psi_\nu^k(x + h_D)\psi_\nu(x)dx \\
&= P_0^*
\end{aligned}$$

となる．

$\mu_{[k]} \geq \max(\mu_{[k-1]}, \mu_0) + \delta^*$ とする．$\mu_{[i]}$ に対応する $\tilde{X}_{i(\tilde{N}_i)}$ を $\tilde{X}_{(i)}$ とし，$T_{(i)} = (\tilde{X}_{(i)} - \mu_{[i]})/\sqrt{z}, i = 1, \ldots, k$ とおく．(1.48) と $c = h_D\delta^*/g_D$ より

$$\begin{aligned}
P(\mathrm{CS}) &= P(\tilde{X}_{(k)} > \tilde{X}_{(i)}, i = 1, \ldots, k-1, \tilde{X}_{(k)} > \tilde{X}_{0(\tilde{N}_0)} + c) \\
&= P\Bigg(T_{(k)} > T_{(i)} + \frac{\mu_{[i]} - \mu_{[k]}}{\sqrt{z}}, i = 1, \ldots, k-1, \\
&\qquad\qquad T_{(k)} > T_0 + \frac{\mu_0 + c - \mu_{[k]}}{\sqrt{z}} \Bigg) \\
&\geq P\left(T_{(k)} > T_{(i)} - \frac{\delta^*}{\sqrt{z}}, i = 1, \ldots, k-1, T_{(k)} > T_0 + \frac{c - \delta^*}{\sqrt{z}} \right)
\end{aligned}$$

$$
\begin{aligned}
&= P(T_{(k)} > T_{(i)} - g_D, i = 1, \ldots, k-1, T_{(k)} > T_0 + h_D - g_D) \\
&= \int_{-\infty}^{\infty} \Psi_\nu^{k-1}(x + g_D)\Psi_\nu(x + g_D - h_D)\psi_\nu(x)dx \\
&= P_1^*
\end{aligned}
$$

となり，定理が証明される． □

定理 1.12 を証明するために次の補題が必要となる．

補題 B.3

(1.45) と (1.48) の解 g_N, g_D に関して不等式 $g_N \geq g_D$ が成立する．

証明　(1.48) より

$$
\begin{aligned}
P_0^* &= \int_{-\infty}^{\infty} \Psi_\nu^k(x + h_D)\psi_\nu(x)dy \\
&= P\left(\frac{Z_i}{\sqrt{W_i/\nu}} - \frac{Z_0}{\sqrt{W_0/\nu}} < h_D, i = 1, \ldots, k\right)
\end{aligned}
$$

と表すことができる．ここで，$\nu = m-1, Z_i, i = 0, 1, \ldots, k$ は互いに独立で標準正規分布に従う確率変数，$W_i, i = 0, 1, \ldots, k$ は互いに独立で自由度 ν のカイ二乗分布に従う確率変数で，$Z_i, i = 0, 1, \ldots, k$ と $W_i, i = 0, 1, \ldots, k$ も独立である．

$$
U_i = \frac{\frac{Z_i}{\sqrt{W_i/\nu}} - \frac{Z_0}{\sqrt{W_0/\nu}}}{\sqrt{\nu(1/W_i + 1/W_0)}}, \quad i = 1, \ldots, k
$$

とおくとスレピアンの不等式（付録 A 定理 A.17）より

$$
\begin{aligned}
P_0^* &= P\left(U_i < \frac{h_D}{\sqrt{\nu(1/W_i + 1/W_0)}}, i = 1, \ldots, k\right) \\
&\geq E\left\{\prod_{i=1}^{k} \Phi\left(\frac{h_D}{\sqrt{\nu(1/W_i + 1/W_0)}}\right)\right\}
\end{aligned}
$$

$$= \int_0^\infty \left\{ \int_0^\infty \Phi\left(\frac{h_D}{\sqrt{\nu(1/x+1/y)}} \right) f_\nu(x)dx \right\}^k f_\nu(y)dy$$

が成り立つ．したがって，(1.45) より $h_N \geq h_D$ が示される．

(1.48) の右辺より

$$\begin{aligned} P_1^* &= \int_{-\infty}^\infty \Psi_\nu^{k-1}(x+g_D)\Psi_\nu(x+g_D-h_D)\psi_\nu(x)dx \\ &= P\Bigg(\frac{Z_i}{\sqrt{W_i/\nu}} - \frac{Z_k}{\sqrt{W_k/\nu}} < g_D, i=1,\dots,k-1, \\ &\qquad\qquad \frac{Z_0}{\sqrt{W_0/\nu}} - \frac{Z_k}{\sqrt{W_k/\nu}} < g_D - h_D \Bigg) \end{aligned}$$

と表すことができる．

$$V_i = \frac{\frac{Z_i}{\sqrt{W_i/\nu}} - \frac{Z_k}{\sqrt{W_k/\nu}}}{\sqrt{\nu(1/W_i+1/W_k)}}, \quad i=0,1,\dots,k-1$$

とおくと，スレピアンの不等式（付録 A 定理 A.17）と $h_N \geq h_D$ より

$$\begin{aligned} P_1^* &= P\Bigg(V_i < \frac{g_D}{\sqrt{\nu(1/W_i+1/W_k)}}, i=1,\dots,k-1, \\ &\qquad\qquad V_0 < \frac{g_D-h_D}{\sqrt{\nu(1/W_i+1/W_k)}} \Bigg) \\ &\geq E\left\{ \left(\prod_{i=1}^{k-1} \Phi\left(\frac{g_D}{\sqrt{\nu(1/W_i+1/W_k)}} \right) \right) \Phi\left(\frac{g_D-h_D}{\sqrt{\nu(1/W_i+1/W_k)}} \right) \right\} \\ &= \int_0^\infty \left\{ \int_0^\infty \Phi\left(\frac{g_D}{\sqrt{\nu(1/x+1/y)}} \right) f_\nu(x)dx \right\}^{k-1} \\ &\qquad\qquad \times \left\{ \int_0^\infty \Phi\left(\frac{g_D-h_D}{\sqrt{\nu(1/x+1/y)}} \right) f_\nu(x)dx \right\} f_\nu(y)dy \\ &\geq \int_0^\infty \left\{ \int_0^\infty \Phi\left(\frac{g_D}{\sqrt{\nu(1/x+1/y)}} \right) f_\nu(x)dx \right\}^{k-1} \\ &\qquad\qquad \times \left\{ \int_0^\infty \Phi\left(\frac{g_D-h_N}{\sqrt{\nu(1/x+1/y)}} \right) f_\nu(x)dx \right\} f_\nu(y)dy \end{aligned}$$

が成り立つ．したがって，(1.45) より $g_N \geq g_D$ が示される． □

● 定理 1.12 の証明

(1.46) と補題 B.3 より

$$N_i \geq \frac{g_N^2 S_i^2}{\delta^{*2}} \geq \frac{g_D^2 S_i^2}{\delta^{*2}}$$

であるので

$$N_i \geq \left[\frac{g_D^2 S_i^2}{\delta^{*2}}\right] + 1$$

である．また，$N_i + 1 \geq m + 1$ であるので，(1.49) より定理が証明される． □

B.2 第2章

● 定理 2.1 の証明

一般性を失わず $\mu_k = \mu_{[k]}$ とする．(2.3) より

$$\begin{aligned} P(\mathrm{CS}) &= P\left(\bar{X}_{k(n)} > \bar{X}_{[k]} - h\sqrt{\frac{\hat{\sigma}^2}{n}}\right) \\ &= P\left(\bar{X}_{k(n)} > \bar{X}_{i(n)} - h\sqrt{\frac{\hat{\sigma}^2}{n}}, i = 1, \ldots, k-1\right) \\ &= P\left(Z_k + h\sqrt{\frac{\hat{\sigma}^2}{\sigma^2}} + \frac{\sqrt{n}(\mu_k - \mu_i)}{\sigma} > Z_i, i = 1, \ldots, k-1\right) \end{aligned}$$

ここで，$Z_i = \sqrt{n}(\bar{X}_{i(n)} - \mu_i)/\sigma, i = 1, \ldots, k$ であり，その分布は標準正規分布である．したがって，$\mu_k \geq \mu_i, i = 1, \ldots, k-1$ より

$$
\begin{aligned}
P(\mathrm{CS}) &\geq P\left(Z_k + h\sqrt{\frac{\hat{\sigma}^2}{\sigma^2}} > Z_i, i = 1, \ldots, k-1\right) \\
&= E\left\{\int_{-\infty}^{\infty} \Phi^{k-1}\left(x + h\sqrt{\frac{\hat{\sigma}^2}{\sigma^2}}\right)\phi(x)dx\right\} \\
&= \int_0^{\infty}\left\{\int_{-\infty}^{\infty} \Phi^{k-1}\left(x + h\sqrt{\frac{y}{\nu}}\right)\phi(x)dx\right\} f_\nu(y)dy
\end{aligned}
$$

である．ただし，$\nu = k(n-1)$ である．したがって，(1.7) より定理が証明される． □

● **定理 2.2 の証明**

一般性を失わず $\mu_k = \mu_{[k]}$ とする．$\mu_k \geq \mu_i, i = 1, \ldots, k-1$ と (2.6) より

$$
W_i = \frac{\bar{X}_{i(n)} - \bar{X}_{k(n)} - \mu_i + \mu_k}{\sqrt{(\sigma_i^2 + \sigma_k^2)/n}}, \quad i = 1, \ldots, k
$$

とおくと

$$
\begin{aligned}
P(\mathrm{CS}) &= P\left(\bar{X}_{k(n)} > \bar{X}_{[k]} - \tilde{h}\sqrt{\frac{\max_{i=1,\ldots,k} S_i^2}{n}}\right) \\
&= P\left(\bar{X}_{k(n)} > \bar{X}_{i(n)} - \tilde{h}\sqrt{\frac{\max_{i=1,\ldots,k} S_i^2}{n}}, i = 1, \ldots, k-1\right) \\
&= P\Bigg(W_i \leq \frac{\mu_k - \mu_i}{\sqrt{(\sigma_i^2 + \sigma_k^2)/n}} + \frac{\tilde{h}\sqrt{\max_{i=1,\ldots,k} S_i^2}}{\sqrt{\sigma_i^2 + \sigma_k^2}}, \\
&\qquad\qquad i = 1, \ldots, k-1\Bigg) \\
&\geq P\left(W_i \leq \frac{\tilde{h}\sqrt{\max_{i=1,\ldots,k} S_i^2}}{\sqrt{\sigma_i^2 + \sigma_k^2}}, i = 1, \ldots, k-1\right) \\
&\geq P\left(W_i \leq \frac{\tilde{h}}{\sqrt{\sigma_i^2/S_i^2 + \sigma_k^2/S_k^2}}, i = 1, \ldots, k-1\right)
\end{aligned}
$$

である．スレピアンの不等式（付録 A 定理 A.17）より

$$P(\mathrm{CS}) \geq E\left\{P\left(W_i \leq \frac{\tilde{h}}{\sqrt{\sigma_i^2/S_i^2+\sigma_k^2/S_k^2}}, i=1,\ldots,k-1 \right| \right.$$
$$\left.\left. S_1^2,\ldots,S_k^2\right)\right\}$$
$$\geq E\left\{\prod_{i=1}^{k-1} P\left(W_i \leq \frac{\tilde{h}}{\sqrt{\sigma_i^2/S_i^2+\sigma_k^2/S_k^2}} \middle| S_1^2,\ldots,S_k^2\right)\right\}$$
$$= E\left\{\prod_{i=1}^{k-1} \Phi\left(\frac{\tilde{h}}{\sqrt{\sigma_i^2/S_i^2+\sigma_k^2/S_k^2}}\right)\right\}$$

である．$\nu = n-1$ とおくと

$$P(\mathrm{CS}) \geq \int_0^\infty \left\{\int_0^\infty \Phi\left(\frac{\tilde{h}}{\sqrt{\nu(1/x+1/y)}}\right) f_\nu(x)dx\right\}^{k-1} f_\nu(y)dy$$

であり，(1.11) より定理が示される． □

● 定理 2.3 の証明

$S_i^2, i=1,\ldots,k$ を与えたとき，$Z_i = \sqrt{N}(\bar{X}_{i(N)} - \mu_i)/\sigma, i=1,\ldots,k$ の条件付き分布は，互いに独立で標準正規分布である（付録 A 定理 A.4）．したがって

$$P(\mathrm{CS}) = P(\bar{X}_{i(N)} \leq \mu_0 + d, \bar{X}_{j(N)} > \mu_0 + d, \Pi_i \in \Omega_B, \Pi_j \in \Omega_G)$$
$$= P\left(Z_i \leq \frac{\sqrt{N}(\mu_0 - \mu_i + d)}{\sigma}, Z_j > \frac{\sqrt{N}(\mu_0 - \mu_j + d)}{\sigma}, \right.$$
$$\left. \Pi_i \in \Omega_B, \Pi_j \in \Omega_G\right)$$
$$\geq P\left(Z_i \leq \frac{\sqrt{N}d}{\sigma}, Z_j > -\frac{\sqrt{N}d}{\sigma}, \Pi_i \in \Omega_B, \Pi_j \in \Omega_G\right)$$
$$= E\left\{P\left(Z_i \leq \frac{\sqrt{N}d}{\sigma}, Z_j > -\frac{\sqrt{N}d}{\sigma}, \Pi_i \in \Omega_B, \Pi_j \in \Omega_G \right| \right.$$
$$\left.\left. S_i^2, i=1,\ldots,k\right)\right\}$$
$$\geq E\left\{\Phi^k\left(\frac{\sqrt{N}d}{\sigma}\right)\right\}$$

である．(2.11) より $N \geq h^2\hat{\sigma}^2/d^2$ であるので，$\nu = k(m-1)$ とおくと

$$P(\mathrm{CS}) \geq E\left\{\Phi^k\left(h\sqrt{\frac{\hat{\sigma}^2}{\sigma^2}}\right)\right\} = \int_0^\infty \Phi^k\left(h\sqrt{\frac{x}{\nu}}\right) f_\nu(x)dx$$

である．したがって，(2.12) より定理が示される．□

● 定理 2.4 の証明

$T_i = (\tilde{X}_{i(N_i)} - \mu_i)/\sqrt{z}, i = 1, \ldots, k$ とすると，T_i の分布は，自由度 $\nu = m - 1$ の t 分布である（付録 A 定理 A.5）．したがって

$$\begin{aligned}
P(\mathrm{CS}) &= P(\tilde{X}_{i(N_i)} \leq \mu_0 + d, \tilde{X}_{j(N_j)} > \mu_0 + d, \Pi_i \in \Omega_B, \Pi_j \in \Omega_G) \\
&= P\left(T_i \leq \frac{\mu_0 - \mu_i + d}{\sqrt{z}}, T_j > \frac{\mu_0 - \mu_j + d}{\sqrt{z}}, \Pi_i \in \Omega_B, \Pi_j \in \Omega_G\right) \\
&\geq P\left(T_i \leq \frac{d}{\sqrt{z}}, T_j > -\frac{d}{\sqrt{z}}, \Pi_i \in \Omega_B, \Pi_j \in \Omega_G\right) \\
&\geq \Psi_\nu^k\left(\frac{d}{\sqrt{z}}\right) = \Psi_\nu^k(\tilde{\lambda})
\end{aligned}$$

となり，(2.17) より定理が示される．□

定理 2.5 を示すために次の補題が必要となる．

補題 B.4

$g(x)$ は確率密度関数，$G(x)$ はその分布関数とし，$g(-x) = g(x)$ とする．s は定数とし

$$\beta(r) = \int_{-\infty}^\infty G^r(x+s)\, G^{k-r}(-x+s)\, g(x)dx, \quad r = 0, 1, \ldots, k$$

とおくと，$\beta(r)$ は $r = l$ のとき最小値をとる．ここで，整数 l は (2.21) で与えられる．

証明　$g(-x) = g(x)$ より

$$\beta(k-r) = \beta(r), \quad r = 0, 1, \ldots, k$$

が示される．したがって，

$$\beta(r+1) \le \beta(r), \quad r \le \frac{k-1}{2}$$

を示せば補題が証明される．

$$H(x) = (G(x+s) - G(-x+s))g(x)$$

とおくと

$$\begin{aligned}
&\beta(r+1) - \beta(r) \\
&= \int_{-\infty}^{\infty} G^r(x+s)\, G^{k-r-1}(-x+s)\, (G(x+s) - G(-x+s))g(x)dx \\
&= \int_{-\infty}^{\infty} G^r(x+s) G^{k-r-1}(-x+s) H(x)dx \\
&= \int_{0}^{\infty} G^r(x+s) G^{k-r-1}(-x+s) H(x)dx \\
&\qquad\qquad + \int_{-\infty}^{0} G^r(x+s) G^{k-r-1}(-x+s) H(x)dx
\end{aligned}$$

と表される．$-H(-x) = H(x)$ に注意すると

$$\begin{aligned}
&\beta(r+1) - \beta(r) \\
&= \int_{0}^{\infty} G^r(x+s)\, G^r(-x+s) H(x) \\
&\qquad\qquad \times (G^{k-2r-1}(-x+s) - G^{k-2r-1}(x+s))dx
\end{aligned}$$

$H(x) \ge 0, k-2r-1 \ge 0$ であるので，$\beta(r+1) - \beta(r) \le 0$ となり補題が示される． □

● 定理 2.5 の証明

$Z_i = \sqrt{n}(\bar{X}_{i(n)} - \mu_i)/\sigma, i = 0, 1, \ldots, k$ とおくと

$$
\begin{aligned}
P(\mathrm{CS}) &= P(\bar{X}_{i(n)} \le \bar{X}_{0(n)} + d, \bar{X}_{j(n)} > \bar{X}_{0(n)} + d, \Pi_i \in \Omega_B, \Pi_j \in \Omega_G) \\
&= P\Bigg(Z_i \le Z_0 + \frac{\sqrt{n}(\mu_0 - \mu_i + d)}{\sigma}, \\
&\qquad\qquad Z_j > Z_0 + \frac{\sqrt{n}(\mu_0 - \mu_j + d)}{\sigma}, \Pi_i \in \Omega_B, \Pi_j \in \Omega_G\Bigg) \\
&\ge P\left(Z_i \le Z_0 + \frac{\sqrt{n}d}{\sigma}, Z_j > Z_0 - \frac{\sqrt{n}d}{\sigma}, \Pi_i \in \Omega_B, \Pi_j \in \Omega_G\right) \\
&= \int_{-\infty}^{\infty} \Phi^r\left(x + \frac{\sqrt{n}d}{\sigma}\right)\Phi^s\left(-x + \frac{\sqrt{n}d}{\sigma}\right)\phi(x)dx
\end{aligned}
$$

である．ここで，r, s は Ω_B, Ω_G の要素の個数である．$0 \le r + s \le k$ であるので

$$
P(\mathrm{CS}) \ge \int_{-\infty}^{\infty} \Phi^r\left(x + \frac{\sqrt{n}d}{\sigma}\right)\Phi^{k-r}\left(-x + \frac{\sqrt{n}d}{\sigma}\right)\phi(x)dx, \qquad r = 0, 1, \ldots, k
$$

である．補題 B.4 より

$$
P(\mathrm{CS}) \ge \int_{-\infty}^{\infty} \Phi^l\left(x + \frac{\sqrt{n}d}{\sigma}\right)\Phi^{k-l}\left(-x + \frac{\sqrt{n}d}{\sigma}\right)\phi(x)dx
$$

となる．(2.19) より $\sqrt{n}d/\sigma \ge \lambda$ であるので

$$
P(\mathrm{CS}) \ge \int_{-\infty}^{\infty} \Phi^l(x + \lambda)\Phi^{k-l}(-x + \lambda)\phi(x)dx
$$

となり，(2.20) より定理が示される．　□

● 定理 2.6 の証明

$S_i^2, i = 0, 1, \ldots, k$ を与えたとき，$Z_i = \sqrt{N}(\bar{X}_{i(N)} - \mu_i)/\sigma, i = 0, 1, \ldots, k$ の条件付き分布は，互いに独立で標準正規分布である（付録 A 定理 A.4）．したがって

$$
\begin{aligned}
P(\mathrm{CS}) &= P(\bar{X}_{i(N)} \leq \bar{X}_{0(N)} + d, \bar{X}_{j(N)} > \bar{X}_{0(N)} + d, \Pi_i \in \Omega_B, \Pi_j \in \Omega_G) \\
&= P\biggl(Z_i \leq Z_0 + \frac{\sqrt{N}(\mu_0 - \mu_i + d)}{\sigma}, \\
&\qquad\qquad Z_j > Z_0 + \frac{\sqrt{N}(\mu_0 - \mu_j + d)}{\sigma}, \Pi_i \in \Omega_B, \Pi_j \in \Omega_G\biggr) \\
&\geq P\left(Z_i \leq Z_0 + \frac{\sqrt{N}d}{\sigma}, Z_j > Z_0 - \frac{\sqrt{N}d}{\sigma}, \Pi_i \in \Omega_B, \Pi_j \in \Omega_G\right) \\
&= E\left\{\int_{-\infty}^{\infty} \Phi^r\left(x + \frac{\sqrt{N}d}{\sigma}\right)\Phi^s\left(-x + \frac{\sqrt{N}d}{\sigma}\right)\phi(x)dx\right\}
\end{aligned}
$$

である．ここで，r, s は Ω_B, Ω_G の要素の個数である．$0 \leq r + s \leq k$ であるので

$$
P(\mathrm{CS}) \geq E\left\{\int_{-\infty}^{\infty} \Phi^r\left(x + \frac{\sqrt{N}d}{\sigma}\right)\Phi^{k-r}\left(-x + \frac{\sqrt{N}d}{\sigma}\right)\phi(x)dx\right\}, \quad r = 0, 1, \ldots, k
$$

であり，補題 B.4 より

$$
P(\mathrm{CS}) \geq E\left\{\int_{-\infty}^{\infty} \Phi^l\left(x + \frac{\sqrt{N}d}{\sigma}\right)\Phi^{k-l}\left(-x + \frac{\sqrt{N}d}{\sigma}\right)\phi(x)dx\right\}
$$

である．さらに，(2.23) より $N \geq \lambda_T^2\hat{\sigma}^2/d^2$ であるので，$\nu = (k+1)(m-1)$ とおくと

$$
\begin{aligned}
&P(\mathrm{CS}) \\
&\geq E\left\{\int_{-\infty}^{\infty} \Phi^l\left(x + \lambda_T\sqrt{\frac{\hat{\sigma}^2}{\sigma^2}}\right)\Phi^{k-l}\left(-x + \lambda_T\sqrt{\frac{\hat{\sigma}^2}{\sigma^2}}\right)\phi(x)dx\right\} \\
&= \int_0^{\infty}\left\{\int_{-\infty}^{\infty} \Phi^l\left(x + \lambda_T\sqrt{\frac{y}{\nu}}\right)\Phi^{k-l}\left(-x + \lambda_T\sqrt{\frac{y}{\nu}}\right)\phi(x)dx\right\} f_\nu(y)dy
\end{aligned}
$$

となり，(2.24) より定理が示される． □

● **定理 2.7 の証明**

$T_i = (\tilde{X}_{i(N_i)} - \mu_i)/\sqrt{z}, i = 0, 1, \ldots, k$ とすると，T_i の分布は，自由度 $\nu = m - 1$ の t 分布である（付録 A 定理 A.6）．したがって

$$\begin{aligned}
P(\mathrm{CS}) &= P(\tilde{X}_{i(N_i)} \le \tilde{X}_{0(N_0)} + d, \tilde{X}_{j(N_j)} > \tilde{X}_{0(N_0)} + d, \\
&\qquad\qquad \Pi_i \in \Omega_B, \Pi_j \in \Omega_G) \\
&= P\Bigg(T_i \le T_0 + \frac{\mu_0 - \mu_i + d}{\sqrt{z}}, T_j > T_0 + \frac{\mu_0 - \mu_j + d}{\sqrt{z}}, \\
&\qquad\qquad \Pi_i \in \Omega_B, \Pi_j \in \Omega_G\Bigg) \\
&\ge P\left(T_i \le T_0 + \frac{d}{\sqrt{z}}, T_j > T_0 - \frac{d}{\sqrt{z}}, \Pi_i \in \Omega_B, \Pi_j \in \Omega_G\right) \\
&= \int_{-\infty}^{\infty} \Psi_\nu^r\left(x + \frac{d}{\sqrt{z}}\right)\Psi_\nu^s\left(-x + \frac{d}{\sqrt{z}}\right)\psi_\nu(x)dx
\end{aligned}$$

である．ここで，r, s は Ω_B, Ω_G の要素の個数である．$0 \le r + s \le k$ であるので

$$P(\mathrm{CS}) \ge \int_{-\infty}^{\infty} \Psi_\nu^r\left(x + \frac{d}{\sqrt{z}}\right)\Psi_\nu^{k-r}\left(-x + \frac{d}{\sqrt{z}}\right)\psi_\nu(x)dx, \qquad r = 0, 1, \ldots, k$$

である．補題 B.4 と $z = d^2/\lambda_D^2$ より

$$\begin{aligned}
P(\mathrm{CS}) &\ge \int_{-\infty}^{\infty} \Psi_\nu^l\left(x + \frac{d}{\sqrt{z}}\right)\Psi_\nu^{k-l}\left(-x + \frac{d}{\sqrt{z}}\right)\psi_\nu(x)dx \\
&= \int_{-\infty}^{\infty} \Psi_\nu^l(x + \lambda_D)\Psi_\nu^{k-l}(-x + \lambda_D)\psi_\nu(x)dx
\end{aligned}$$

となり，(2.29) より定理が示される．□

B.3　第 3 章

定理 3.1 を証明するために，次の補題を用いる．

補題 B.5

母数 θ で表される確率分布族が**単調尤度比** (monotone likelihood ratio) を持つ．すなわち，$\theta < \theta'$ に対して，その確率密度関数（確率関数）の比 $g(x,\theta')/g(x,\theta)$ が x の非減少関数であるとする．その分布関数を $G(x|\theta)$ とすると，$\theta < \theta'$ に対して

$$G(x|\theta) \geq G(x|\theta')$$

である．

証明　確率密度関数の場合について示す．確率関数の場合も同様に示される．$x = x_0$ とする．$g(x_0,\theta')/g(x_0,\theta) \leq 1$ のとき

$$\begin{aligned} G\left(x_0|\theta'\right) &= \int_{-\infty}^{x_0} g\left(x|\theta'\right)dx = \int_{-\infty}^{x_0} \frac{g\left(x|\theta'\right)}{g\left(x|\theta\right)} g\left(x|\theta\right)dx \\ &\leq \frac{g\left(x_0|\theta'\right)}{g\left(x_0|\theta\right)} \int_{-\infty}^{x_0} g\left(x|\theta\right)dx \leq \int_{-\infty}^{x_0} g\left(x|\theta\right)dx = G\left(x_0|\theta\right) \end{aligned}$$

$g(x_0,\theta')/g(x_0,\theta) > 1$ のとき

$$\begin{aligned} 1 - G\left(x_0|\theta'\right) &= \int_{x_0}^{\infty} g\left(x|\theta'\right)dx = \int_{x_0}^{\infty} \frac{g\left(x|\theta'\right)}{g\left(x|\theta\right)} g\left(x|\theta\right)dx \\ &\geq \frac{g\left(x_0|\theta'\right)}{g\left(x_0|\theta\right)} \int_{x_0}^{\infty} g\left(x|\theta\right)dx \\ &> \int_{x_0}^{\infty} g\left(x|\theta\right)dx = 1 - G\left(x_0|\theta\right) \end{aligned}$$

したがって，$G(x_0|\theta) \geq G(x_0|\theta')$ となり補題が示される．　□

● **定理 3.1 の証明**

連続型二項分布は，母数 p に関して単調尤度比を持つ（演習問題 3.12）ので，補題 B.5 より $F(y,p_{[i]}) \geq F(y,p_{[k]}), i = 1,\ldots,k-1$ である．したがって，(3.4) より

$$P(\mathrm{CS}) \geq \int_{-1/2}^{n+1/2} F^{k-1}(x, p_{[k]}) f(x, p_{[k]}) dx = \int_0^1 y^{k-1} dy = \frac{1}{k}$$

となる．等号は，$p_1 = \cdots = p_k$ のとき成立することもわかる．　□

● 定理 3.2 の証明

連続型二項分布は，母数 p に関して単調尤度比を持つので，$p_{[i]} \leq p_{[k]} - \delta^*, i = 1, \ldots, k-1$ のとき，補題 B.5 より $F(y, p_{[i]}) \geq F(y, p_{[k]} - \delta^*)$, $i = 1, \ldots, k-1$ である．したがって，(3.4) より $P(\mathrm{CS}) \geq H(p_{[k]})$ である．ただし

$$H(p) = \int_{-1/2}^{n+1/2} F^{k-1}(y, p - \delta^*) f(y, p) dy$$

である．

$$\begin{aligned} H(p) &= \sum_{x=0}^{n} \int_{x-1/2}^{x+1/2} F^{k-1}(y, p - \delta^*) f(y, p) dy \\ &= \sum_{x=0}^{n} g(x, p) \int_{x-1/2}^{x+1/2} \Bigg(G(x-1, p - \delta^*) \\ &\qquad\qquad + g(x, p - \delta^*) \left(y - \left(x - \frac{1}{2} \right) \right) \Bigg)^{k-1} dy \\ &= \sum_{x=0}^{n} g(x, p) \int_0^1 (G(x-1, p - \delta^*) + g(x, p - \delta^*) z)^{k-1} dz \end{aligned}$$

と表される．$p > \delta^*$ のとき

$$H(p) = \frac{1}{k} \sum_{x=0}^{n} \frac{g(x, p)}{g(x, p - \delta^*)} (G^k(x, p - \delta^*) - G^k(x-1, p - \delta^*))$$

$p = \delta^*$ のとき

$$
\begin{aligned}
H(p) &= \sum_{x=0}^{n} g(x,\delta^*) \int_0^1 (G(x-1,0)+g(x,0)z)^{k-1}dz \\
&= g(0,\delta^*) \int_0^1 z^{k-1}dz + \sum_{x=1}^{n} g(x,\delta^*) = 1 - \frac{k-1}{k} g(0,\delta^*)
\end{aligned}
$$

となり，定理が示される． □

定理 3.3 を示すために次の補題が必要である．

補題 B.6

$(U_1,\ldots,U_{k-1})'$ の分布は $k-1$ 次元正規分布 $N_{k-1}(\mathbf{0},R)$ とする．ただし，$R=(\rho_{ij})$ とおくと

$$
\rho_{ij} = \begin{cases} 1 & (i=j) \\ \rho & (i \neq j) \end{cases}
$$

であり，$0 \leq \rho < 1$ とする．このとき

$$
\begin{aligned}
&P(U_i > -u, i=1,\ldots,k-1) \\
&\quad = \int_{-\infty}^{\infty} \Phi^{k-1}\left(\sqrt{\frac{\rho}{1-\rho}}x + \frac{u}{\sqrt{1-\rho}}\right)\phi(x)dx
\end{aligned}
$$

である．

証明　$Z_1,\ldots,Z_k$ は互いに独立で，標準正規分布に従う確率変数とする．

$$
W_i = \sqrt{1-\rho}Z_i - \sqrt{\rho}Z_k, \quad i=1,\ldots,k-1
$$

とおくと，$(W_1,\ldots,W_{k-1})'$ の分布は $k-1$ 次元正規分布 $N_{k-1}(\mathbf{0},R)$ である．したがって

$$\begin{aligned}
&P(U_i > -u, i = 1, \ldots, k-1) \\
&\quad = P(W_i > -u, i = 1, \ldots, k-1) \\
&\quad = P\left(Z_i > \sqrt{\frac{\rho}{1-\rho}} Z_k - \frac{u}{\sqrt{1-\rho}}, i = 1, \ldots, k-1\right) \\
&\quad = \int_{-\infty}^{\infty} \Phi^{k-1}\left(\sqrt{\frac{\rho}{1-\rho}} x + \frac{u}{\sqrt{1-\rho}}\right) \phi(x) dx
\end{aligned}$$

となり補題が示される．□

● **定理 3.3 の証明**

$p_{[i]}$ に対応する二項分布に従う確率変数を $X_{(i)}, i = 1, \ldots, k$ とし，(3.7) を仮定する．このとき．

$$W_i = \frac{X_{(k)} - X_{(i)} - n\delta^*}{\sqrt{n(1-\delta^{*2})/2}}, \quad i = 1, \ldots, k-1$$

とおくと

$$\begin{aligned}
P(\mathrm{CS}) &\geq P(X_{(k)} > X_{(i)}, i = 1, \ldots, k-1) \\
&= P\left(W_i > -\frac{\sqrt{n}\delta^*}{\sqrt{(1-\delta^{*2})/2}}, i = 1, \ldots, k-1\right)
\end{aligned}$$

である．W_i の平均は 0，分散は 1，W_i と W_j の相関係数は 1/2 となる．$(W_1, \ldots, W_{k-1})$ の多変量分布を多変量正規分布で近似する．補題 B.6 より

$$\begin{aligned}
&P\left(W_i > -\frac{\sqrt{n}\delta^*}{\sqrt{(1-\delta^{*2})/2}}, i = 1, \ldots, k-1\right) \\
&\quad \cong \int_{-\infty}^{\infty} \Phi^{k-1}\left(x + \frac{2\sqrt{n}\delta^*}{\sqrt{1-\delta^{*2}}}\right) \phi(x) dx
\end{aligned}$$

である．(3.9) より，標本数 n が不等式

$$\frac{2\sqrt{n}\delta^*}{\sqrt{1-\delta^{*2}}} \geq \tau$$

を満たせば，近似的ではあるが (3.5) が満たされる．この不等式を解くと

$$n = \left[\frac{(1-\delta^{*2})\tau}{4\delta^{*2}} \right] + 1$$

が得られ，定理が証明される． □

● 定理 3.4 の証明

$p_{[i]}$ に対応する二項分布に従う確率変数を $X_{(i)}, i = 1, \ldots, k$ とすると

$$\begin{aligned} P(\text{CS}) &= P(X_{(k)} \geq X_{(i)} - d, i = 1, \ldots, k-1) \\ &= P(X_{(k)} + d \geq X_{(i)}, i = 1, \ldots, k-1) \\ &= \sum_{x=0}^{n} g(x, p_{[k]}) \prod_{i=1}^{k-1} G(\min(x+d, n), p_{[i]}) \end{aligned}$$

と表される．補題 B.5 より，$G(\min(x+d,n), p_{[i]}) \geq G(\min(x+d,n), p_{[k]}), i = 1, \ldots, k-1$ であるので

$$P(\text{CS}) \geq Q(p_{[k]}, d)$$

である．等号は，$p_1 = \cdots = p_k$ のとき成り立つ． □

● 定理 3.5 の証明

$p_{[i]}$ に対応する二項分布に従う確率変数を $X_{(i)}, i = 1, \ldots, k$ とし，$p_{[1]} = \cdots = p_{[k]} (= p)$ とする．二項分布の正規近似を用いる（連続修正を行う）．

$$\begin{aligned} &P(\text{CS}) \\ &\quad = P(X_{(k)} + d \geq X_{(i)}, i = 1, \ldots, k-1) \\ &\quad = P(X_{(k)} + d + 0.5 \geq X_{(i)}, i = 1, \ldots, k-1) \\ &\quad = P\left(\frac{X_{(k)} - np}{\sqrt{np(1-p)}} + \frac{d+0.5}{\sqrt{np(1-p)}} \geq \frac{X_{(i)} - np}{\sqrt{np(1-p)}}, i = 1, \ldots, k-1 \right) \\ &\quad \cong \int_{-\infty}^{\infty} \Phi^{k-1}\left(x + \frac{d+0.5}{\sqrt{np(1-p)}} \right) \phi(x) dx \\ &\quad \geq \int_{-\infty}^{\infty} \Phi^{k-1}\left(x + \frac{2d+1}{\sqrt{n}} \right) \phi(x) dx \end{aligned}$$

ここで，不等式 $p(1-p) \leq 1/4$ を用いた．したがって，(3.9) より，正の整数 d を

$$\frac{2d+1}{\sqrt{n}} \geq \tau$$

を満たすように選べばよい．すなわち

$$d = \left[\frac{\sqrt{n}\tau - 1}{2}\right] + 1$$

とすれば，近似的ではあるが，$P(\mathrm{CS}) \geq P^*$ が満たされる．□

● 定理 3.6 の証明

$\sigma_{[1]} = \Delta^* \sigma_{[2]}, \sigma_{[2]} = \cdots = \sigma_{[k]}$ のとき，$P(\mathrm{CS}) \geq P^*$ を満たす標本数 n を求める．$\nu = n-1$ とおくと，$Y_i = \nu S_i^2/\sigma_{[i]}^2, i = 1, \ldots, k$ の分布は自由度 ν のカイ二乗分布である．カイ二乗分布に関する正規近似を用い

$$Z_i = \sqrt{\frac{\nu}{2}}(\log Y_i - \log \nu) = \sqrt{\frac{\nu}{2}} \log\left(\frac{S_i^2}{\sigma_{[i]}^2}\right), \quad i = 1, \ldots, k$$

の分布を標準正規分布で近似すると

$$\begin{aligned}
P(\mathrm{CS}) &= P(S_{(1)}^2 \leq S_{(i)}^2, i = 2, \ldots, k) \\
&= P\left(\frac{S_{(1)}^2}{\sigma_{[1]}^2}\Delta^{*2} \leq \frac{S_{(i)}^2}{\sigma_{[i]}^2}, i = 2, \ldots, k\right) \\
&= P\left(\log\left(\frac{S_{(1)}^2}{\sigma_{[1]}^2}\right) + 2\log\Delta^* \leq \log\left(\frac{S_{(i)}^2}{\sigma_{[i]}^2}\right), i = 2, \ldots, k\right) \\
&= P(Z_1 + \sqrt{2\nu}\log\Delta^* \leq Z_i, i = 2, \ldots, k) \\
&\cong \int_{-\infty}^{\infty} \{1 - \Phi(x + \sqrt{2\nu}\log\Delta^*)\}^{k-1} \phi(x) dx \\
&= \int_{-\infty}^{\infty} \Phi^{k-1}(x - \sqrt{2\nu}\log\Delta^*) \phi(x) dx
\end{aligned}$$

となる．(3.9) より，標本数 n が，$-\sqrt{2\nu}\log\Delta^* \geq \tau$ を満たせば近似的ではあるが $P(\mathrm{CS}) \geq P^*$ が成立する．すなわち

$$n = \left[\frac{\tau^2}{2(\log \Delta^*)^2} \right] + 2$$

とすればよい. □

● 定理 3.7 の証明

$\sigma^2_{[i]}$ に対する標本分散を $S^2_{(i)}, i = 1, \ldots, k$ とすると, (3.21) より

$$\begin{aligned}
P(\mathrm{CS}) &= P\left(S^2_{(1)} < \frac{S^2_{[1]}}{c} \right) = P\left(S^2_{(1)} < \frac{S^2_{(i)}}{c}, i = 2, \ldots, k \right) \\
&= P\left\{ c \frac{\sigma^2_{[1]}}{\sigma^2_{[i]}} \frac{S^2_{(1)}}{\sigma^2_{[1]}} < \frac{S^2_{(i)}}{\sigma^2_{[i]}}, i = 2, \ldots, k \right\} \\
&\geq P\left(c \frac{S^2_{(1)}}{\sigma^2_{[1]}} < \frac{S^2_{(i)}}{\sigma^2_{[i]}}, i = 2, \ldots, k \right)
\end{aligned}$$

である. $\nu = n - 1$ とし, $Z_i = \sqrt{\nu/2} \log(S^2_{(i)}/\sigma^2_{[i]}), i = 1, \ldots, k$ とおくと

$$\begin{aligned}
P(\mathrm{CS}) &\geq P\left(Z_1 + \sqrt{\frac{\nu}{2}} \log c < Z_i, i = 2, \ldots, k \right) \\
&\cong \int_{-\infty}^{\infty} \left\{ 1 - \Phi\left(x + \sqrt{\frac{\nu}{2}} \log c \right) \right\}^{k-1} \phi(x) dx \\
&= \int_{-\infty}^{\infty} \Phi^{k-1} \left(x - \sqrt{\frac{\nu}{2}} \log c \right) \phi(x) dx
\end{aligned}$$

である. したがって, (3.9) より

$$-\sqrt{\frac{\nu}{2}} \log c = \tau$$

ならば (3.20) が満たされる. すなわち

$$c = \exp\left(-\frac{\tau}{\sqrt{(n-1)/2}} \right)$$

とすればよい. □

● **定理 3.8 の証明**

$\mu_k = \mu_{[k]}$ とする．$\mu_k - \mu_i \geq \delta^*, i = 1, \ldots, k-1$ であり，(3.28) より $2N \geq h\hat{\sigma}/\delta^*$ であるので，$Y_i = 2N(X_{i[N]} - \mu_i)/\sigma, i = 1, \ldots, k$ とおくと

$$\begin{aligned} P(\mathrm{CS}) &= P(X_{k[N]} > X_{i[N]}, i = 1, \ldots, k-1) \\ &= P\left(Y_k + \frac{2N(\mu_k - \mu_i)}{\sigma} > Y_i, i = 1, \ldots, k-1\right) \\ &\geq P\left(Y_k + \frac{2N\delta^*}{\sigma} > Y_i, i = 1, \ldots, k-1\right) \\ &\geq P\left(Y_k + \frac{h\hat{\sigma}}{\sigma} > Y_i, i = 1, \ldots, k-1\right) \end{aligned}$$

である．$U_i, i = 1, \ldots, k$ を与えたとき，$Y_i, i = 1, \ldots, k$ の条件付き分布は，互いに独立で自由度 2 のカイ二乗分布であり（付録 A 定理 A.8），$\nu = 2k(m-1)$ とおくと，$\nu\hat{\sigma}/\sigma$ の分布は自由度 ν のカイ二乗分布（付録 A 定理 A.7）であることから

$$\begin{aligned} P(\mathrm{CS}) &\geq E\left\{P\left(Y_k + \frac{h\hat{\sigma}}{\sigma} > Y_i, i = 1, \ldots, k-1 \,\middle|\, U_1, \ldots, U_k\right)\right\} \\ &= E\left\{\int_0^\infty F_2^{k-1}\left(x + \frac{h\hat{\sigma}}{\sigma}\right) f_2(x)dx\right\} \\ &= \int_0^\infty \left\{\int_0^\infty F_2^{k-1}\left(x + \frac{hy}{\nu}\right) f_2(x)dx\right\} f_\nu(y)dy \end{aligned}$$

である．したがって (3.29) より定理が証明される．□

● **定理 3.9 の証明**

$\mu_k = \mu_{[k]}$ とする．$\mu_k - \mu_i \geq \delta^*, i = 1, \ldots, k-1$ であるので

$$\begin{aligned} P(\mathrm{CS}) &= P(X_{k[N_k]} > X_{i[N_i]}, i = 1, \ldots, k-1) \\ &= P(X_{k[N_k]} - \mu_k + \mu_k - \mu_i > X_{i[N_i]} - \mu_i, i = 1, \ldots, k-1) \\ &\geq P(X_{k[N_k]} - \mu_k + \delta^* > X_{i[N_i]} - \mu_i, i = 1, \ldots, k-1) \\ &= P\left(\bigcap_{i=1}^{k-1} E_i\right) \end{aligned}$$

である．ここで，$E_i = \{X_{k[N_k]} - \mu_k + \delta^* > X_{i[N_i]} - \mu_i\}, i = 1, \ldots, k-1$ である．$\bar{E}_i$ で E_i の補事象を表すと，ボンフェローニの不等式（付録 A 定理 A.18）より

$$P(\mathrm{CS}) \geq 1 - \sum_{i=1}^{k-1} P(\bar{E}_i)$$

である．$W_i = 2N_i(X_{i[N_i]} - \mu_i)/\sigma_i, i = 1, \ldots, k$ とおくと，$U_i, i = 1, \ldots, k$ を与えたとき，$W_i, i = 1, \ldots, k$ の条件付き分布は互いに独立で自由度 2 のカイ二乗分布である（付録 A 定理 A.6）ので

$$\begin{aligned} P(\bar{E}_i) &= P\left(\frac{\sigma_k}{2N_k} W_k + \delta^* < \frac{\sigma_i}{2N_i} W_i\right) \\ &= P\left(\frac{N_i \sigma_k}{N_k \sigma_i} W_k + \frac{2N_i \delta^*}{\sigma_i} < W_i\right) \\ &= E\left\{P\left(\frac{N_i \sigma_k}{N_k \sigma_i} W_k + \frac{2N_i \delta^*}{\sigma_i} < W_i \,\middle|\, U_i, U_k\right)\right\} \\ &= E\left\{\frac{N_k \sigma_i}{N_k \sigma_i + N_i \sigma_k} \exp\left(-\frac{N_i \delta^*}{\sigma_i}\right)\right\} \\ &\leq E\left\{\exp\left(-\frac{N_i \delta^*}{\sigma_i}\right)\right\} \end{aligned}$$

である．(3.31) より $N_i \geq \gamma U_i/\delta^*$ であり，$2(m-1)U_i/\sigma_i$ の分布は自由度 $2(m-1)$ のカイ二乗分布（付録 A 定理 A.7）であることから

$$P(\bar{E}_i) \leq E\left\{\exp\left(-\frac{hU_i}{\sigma_i}\right)\right\} = \left(1 + \frac{\gamma}{m-1}\right)^{-(m-1)}, \quad i = 1, \ldots, k$$

となる．したがって (3.32) より

$$P(\mathrm{CS}) \geq 1 - (k-1)\left(1 + \frac{\gamma}{m-1}\right)^{-(m-1)} = P^*$$

となり定理が証明される．□

● 定理 3.10 の証明

$\mu_k = \mu_{[k]}$ とする．$Y_i = 2n(X_{i[n]} - \mu_i)/\sigma, i = 1, \ldots, k$ とおくと

$$
\begin{aligned}
P(\mathrm{CS}) &= P\left(X_{k[n]} > X_{[k]} - \frac{h\hat{\sigma}}{2n}\right) \\
&= P\left(X_{k[n]} > X_{i[n]} - \frac{h\hat{\sigma}}{2n}, i = 1, \ldots, k-1\right) \\
&= P\left(Y_k + \frac{2n(\mu_k - \mu_i)}{\sigma} + \frac{h\hat{\sigma}}{\sigma} > Y_i, i = 1, \ldots, k-1\right) \\
&\geq P\left(Y_k + \frac{h\hat{\sigma}}{\sigma} > Y_i, i = 1, \ldots, k-1\right)
\end{aligned}
$$

である．Y_i の分布は自由度 2 のカイ二乗分布であり，$W = 2k(n-1)\hat{\sigma}/\sigma$ の分布は自由度 $\nu = 2k(n-1)$ のカイ二乗分布であり，互いに独立である（付録 A 定理 A.7）．したがって，(3.29) より

$$
\begin{aligned}
P(\mathrm{CS}) &\geq P\left(Y_k + \frac{hW}{\nu} > Y_i, i = 1, \ldots, k-1\right) \\
&= \int_0^\infty \left\{\int_0^\infty F_2^{k-1}\left(x + \frac{hy}{\nu}\right) f_2(x) dx\right\} f_\nu(y) dy = P^*
\end{aligned}
$$

となり，定理が証明される．□

● 定理 3.11 の証明

$\mu_k = \mu_{[k]}$ とする．$\mu_k - \mu_i \geq \delta^*, i = 1, \ldots, k-1$ であるので，$Y_i = 2n(X_{i[n]} - \mu_i)/\sigma_i, i = 1, \ldots, k$ とおくと

$$
\begin{aligned}
P(\mathrm{CS}) &= P\left(X_{k[n]} > X_{[k]} - \frac{\gamma \max_{i=1,\ldots,k} U_i}{n}\right) \\
&= P\left(X_{k[n]} > X_{i[n]} - \frac{\gamma \max_{i=1,\ldots,k} U_i}{n}, i = 1, \ldots, k-1\right) \\
&= P\Bigl(2n(X_{k[n]} - \mu_k) + 2n(\mu_k - \mu_i) + 2\gamma \max_{i=1,\ldots,k} U_i > 2n(X_{i[n]} - \mu_i), \\
&\qquad\qquad i = 1, \ldots, k-1\Bigr) \\
&\geq P\Bigl(\sigma_k Y_k + 2\gamma \max_{i=1,\ldots,k} U_i > \sigma_i Y_i, i = 1, \ldots, k-1\Bigr) \\
&= P\left(\bigcap_{i=1}^{k-1} E_i\right)
\end{aligned}
$$

である．ここで，$E_i = \{\sigma_k Y_k + 2\gamma \max_{i=1,\ldots,k} U_i > \sigma_i Y_i\}, i = 1, \ldots, k-1$ である．Y_i の分布は自由度 2 のカイ二乗分布であり，$2(n-1)U_i/\sigma_i$ の分布は自由度 $2(n-1)$ のカイ二乗分布であり，互いに独立である（付録A定理 A.7）．ボンフェローニの不等式（付録A定理 A.18）より

$$P(\mathrm{CS}) \geq 1 - \sum_{i=1}^{k-1} P(\bar{E}_i)$$

である．

$$\begin{aligned}
P(\bar{E}_i) &= P\Big(\sigma_k Y_k + 2\gamma \max_{i=1,\ldots,k} U_i < \sigma_i Y_i\Big) \leq P\left(\frac{\sigma_k}{\sigma_i} Y_k + 2\gamma \frac{U_i}{\sigma_i} < Y_i\right) \\
&= E\left\{\exp\left(-\frac{\sigma_k}{2\sigma_i} Y_k\right)\right\} E\left\{\exp\left(-\gamma \frac{U_i}{\sigma_i}\right)\right\} \\
&= \frac{\sigma_i}{\sigma_i + \sigma_k}\left(1 + \frac{\gamma}{n-1}\right)^{-(n-1)} < \left(1 + \frac{\gamma}{n-1}\right)^{-(n-1)}
\end{aligned}$$

したがって (3.32) $(m = n)$ より

$$P(\mathrm{CS}) \geq 1 - (k-1)\left(1 + \frac{\gamma}{n-1}\right)^{-(n-1)} = P^*$$

となり，定理が証明される．□

多変量正規分布の最良成分の選択方法の標本数に関する定理 3.12 を証明するのに次の補題が必要である．

補題 B.7

標本数 n を (3.39) で定めると，次の不等式が成り立つ．

$$P(\bar{X}_{i(n)} - \mu_i + \delta^* > \bar{X}_{j(n)} - \mu_j, j = 1, \ldots, k, j \neq i) \geq P^*, \quad i = 1, \ldots, k$$

証明　(3.39) より $n \geq z^2 \tau / \delta^{*2}$ であるので

$$
\begin{aligned}
&P(\bar{X}_{i(n)} - \mu_i + \delta^* > \bar{X}_{j(n)} - \mu_j, j = 1, \ldots, k, j \neq i) \\
&\quad = P\left(Z_{ij(n)} + \frac{\sqrt{n}\delta^*}{\sqrt{\tau_{ij}}} > 0, j = 1, \ldots, k, j \neq i\right) \\
&\quad \geq P(Z_{ij(n)} + z > 0, j = 1, \ldots, k, j \neq i) \\
&\quad = P\left(\bigcap_{j=1, j\neq i}^{k} E_j\right)
\end{aligned}
$$

である．ここで，$E_j = \{Z_{ij(n)} + z > 0, j = 1, \ldots, k, j \neq i\}$ である．ボンフェローニの不等式（付録 A 定理 A.18）より

$$
\begin{aligned}
&P(\bar{X}_{i(n)} - \mu_i + \delta^* > \bar{X}_{j(n)} - \mu_j, j = 1, \ldots, k, j \neq i) \\
&\quad \geq 1 - \sum_{j=1, j\neq i}^{k} P(\bar{E}_j) = 1 - (k-1)\Phi(-z) = P^*
\end{aligned}
$$

となり，補題が証明される．□

● 定理 3.12 の証明

$\mu_k = \mu_{[k]}$ とする．$\mu_k - \mu_i \geq \delta^*, i = 1, \ldots, k-1$ であるので，補題 B.7 より

$$
\begin{aligned}
P(\mathrm{CS}) &= P(\bar{X}_{k(n)} > \bar{X}_{i(n)}, i = 1, \ldots, k-1) \\
&= P(\bar{X}_{k(n)} - \mu_k + \mu_k - \mu_i > \bar{X}_{i(n)} - \mu_i, i = 1, \ldots, k-1) \\
&\geq P(\bar{X}_{k(n)} - \mu_k + \delta^* > \bar{X}_{i(n)} - \mu_i, i = 1, \ldots, k-1) \geq P^*
\end{aligned}
$$

となり，定理が証明される．□

● 定理 3.13 の証明

$$
U_j^i = \bar{X}_{i(n)} - \bar{X}_{j(n)} + \delta^*, \quad U_j = \left(\max_{i\neq j} U_j^i\right)^+
$$

とおく．ただし，$a^+ = \max(a, 0)$ である．補題 B.7 より，$i = 1, \ldots, k$ に対して

$$
\begin{aligned}
P^* &\leq P(U_j^i > \mu_i - \mu_j, j = 1, \ldots, k, j \neq i) \\
&\leq P(U_j > \mu_i - \mu_j, j = 1, \ldots, k, j \neq i) \\
&= P(U_j > \mu_i - \mu_j, j = 1, \ldots, k)
\end{aligned}
$$

である．特に

$$P(U_j > \mu_{[k]} - \mu_j, j = 1, \ldots, k) \geq P^*$$

であり，このことから

$$P(U_S > \mu_{[k]} - \mu_S) \geq P^*$$

が成り立つ．$\bar{X}_{1(n)}, \ldots, \bar{X}_{k(n)}$ を大きさの順に並べ替えた値を $\bar{X}_{[1]} \leq \cdots \leq \bar{X}_{[k]}$ とすると

$$U_S = (\bar{X}_{[k-1]} - \bar{X}_{[k]} + \delta^*)^+ \leq \delta^*$$

であるので

$$P(\delta^* > \mu_{[k]} - \mu_S) \geq P^*$$

となり，定理が証明される．□

定理 3.14 を証明するために次の 2 つの補題が必要である．

補題 B.8

$(m-1)(s_{ii(m)} + s_{jj(m)} - 2s_{ij(m)})/\tau_{ij}$ の分布は自由度 $m-1$ のカイ二乗分布である．

証明

$$\mathbf{Z}_\alpha = \frac{1}{\sqrt{\alpha(\alpha+1)}} \left(\sum_{i=1}^{\alpha} \mathbf{X}_i - \alpha \mathbf{X}_{\alpha+1} \right), \quad \alpha = 1, \ldots, m-1$$

とおくと，$\mathbf{Z}_\alpha$ は互いに独立で k 次元正規分布 $N_k(\mathbf{0}, \Sigma)$ に従い

$$S_{(m)} = \frac{1}{m-1}\sum_{\alpha=1}^{m-1} \mathbf{Z}_\alpha \mathbf{Z}'_\alpha$$

と表すことができる．第i成分が1，第j成分が-1，他の成分が0であるk次元ベクトルを$\boldsymbol{l}$とすると

$$s_{ii(m)} + s_{jj(m)} - 2s_{ij(m)} = \boldsymbol{l}' S_{(m)} \boldsymbol{l} = \frac{1}{m-1}\sum_{\alpha=1}^{m-1} (\boldsymbol{l}'\mathbf{Z}_\alpha)^2$$

である．$\boldsymbol{l}'\mathbf{Z}_\alpha$は互いに独立で正規分布$N(0, \tau_{ij})$に従うので，$(m-1)(s_{ii(m)} + s_{jj(m)} - 2s_{ij(m)})/\tau_{ij}$の分布は自由度$m-1$のカイ二乗分布である． □

補題 B.9

標本数Nを(3.41)で定めると

$$P(\bar{X}_{i(N)} - \mu_i + \delta^* > \bar{X}_{j(N)} - \mu_j, j = 1, \ldots, k, j \neq i) \geq P^*, \quad i = 1, \ldots, k$$

証明 (3.41)より$N \geq t_\nu^2(r) W_m / \delta^{*2}$ $(r = (1-P^*)/(k-1))$であるので

$$Z_{ij(N)} = \sqrt{\frac{N}{\tau_{ij}}}(\bar{X}_{i(N)} - \bar{X}_{j(N)} + \mu_j - \mu_i), \quad i, j = 1, \ldots, k, i \neq j$$

とおくと

$$\begin{aligned} &P(\bar{X}_{i(N)} - \mu_i + \delta^* > \bar{X}_{j(N)} - \mu_j, j = 1, \ldots, k, j \neq i) \\ &= P\left(Z_{ij(N)} + \frac{\sqrt{N}\delta^*}{\sqrt{\tau}_{ij}} > 0, j = 1, \ldots, k, j \neq i\right) \\ &\geq P\left(Z_{ij(N)} + t_\nu(r)\sqrt{\frac{W_{ij(m)}}{\tau_{ij}}} > 0, j = 1, \ldots, k, j \neq i\right) \\ &= P\left(\bigcap_{j=1, j\neq i}^{k} E_j\right) \end{aligned}$$

である．ただし

$$E_j = \left\{ Z_{ij(N)} + t_\nu(r)\sqrt{\frac{W_{ij(m)}}{\tau_{ij}}} > 0 \right\}, \quad j = 1, \ldots, k$$

である．ボンフェローニの不等式（付録 A 定理 A.18）を用いると

$$\begin{aligned} &P(\bar{X}_{i(N)} - \mu_i + \delta^* > \bar{X}_{j(N)} - \mu_j, j = 1, \ldots, k, j \neq i) \\ &\quad \geq 1 - \sum_{j=1, j\neq i}^{k} P(\bar{E}_j) \end{aligned}$$

である．$S_{(m)}$ を与えたとき，$Z_{ij(N)}$ の条件付き分布は標準正規分布であるので，補題 B.8 より

$$\begin{aligned} P(\bar{E}_j) &= E\left\{ P\left(Z_{ij(N)} < -t_\nu(r)\sqrt{\frac{W_{ij(m)}}{\tau_{ij}}} \;\middle|\; S_{(m)} \right) \right\} \\ &= E\left\{ \Phi\left(-t_\nu(r)\sqrt{\frac{W_{ij(m)}}{\tau_{ij}}} \right) \right\} = \frac{1-P^*}{k-1} \end{aligned}$$

である．したがって

$$\begin{aligned} &P(\bar{X}_{i(N)} - \mu_i + \delta^* > \bar{X}_{j(N)} - \mu_j, j = 1, \ldots, k, j \neq i) \\ &\quad \geq 1 - (k-1)\left(\frac{1-P^*}{k-1}\right) = P^* \end{aligned}$$

となり，補題が証明される．□

● 定理 3.14 の証明

定理 3.12，3.13 の証明と同様にして示すことができる．□

● 定理 3.15 の証明

$\mu_k = \mu_{[k]}$ とする．このとき

$$P(\mathrm{CS}) = P\left(\bar{X}_{k(n)} > \bar{X}_{i(n)} - z\sqrt{\frac{\tau}{n}}, i = 1, \ldots, k-1\right)$$
$$= P\left(Z_{ik(n)} < \sqrt{\frac{n}{\tau_{ik}}}(\mu_k - \mu_i) + z\sqrt{\frac{\tau}{\tau_{ik}}}, i = 1, \ldots, k-1\right)$$
$$\geq P(Z_{ik(n)} < z, i = 1, \ldots, k-1)$$

である．ボンフェローニの不等式（付録 A 定理 A.18）を用いることにより

$$P(\mathrm{CS}) \geq 1 - \sum_{i=1}^{k-1} P(Z_{ik(n)} > z) = 1 - (k-1)(1 - \Phi(z)) = P^*$$

となり，定理が示される． □

● 定理 3.16 の証明

$\mu_k = \mu_{[k]}$ とする．このとき

$$P(\mathrm{CS}) = P\left(\bar{X}_{k(n)} > \bar{X}_{i(n)} - t_\nu(r)\sqrt{\frac{W_n}{n}}, i = 1, \ldots, k-1\right)$$
$$= P\left(Z_{ik(n)} < \sqrt{\frac{n}{\tau_{ik}}}(\mu_k - \mu_i) + t_\nu(r)\sqrt{\frac{W_n}{\tau_{ik}}}, i = 1, \ldots, k-1\right)$$
$$\geq P\left(Z_{ik(n)} < t_\nu(r)\sqrt{\frac{W_{ik(n)}}{\tau_{ik}}}, i = 1, \ldots, k-1\right)$$

である．ボンフェローニの不等式（付録 A 定理 A.18）を用いることにより

$$P(\mathrm{CS}) \geq 1 - \sum_{i=1}^{k-1} P\left(Z_{ik(n)} > t_\nu(r)\sqrt{\frac{W_{ik(n)}}{\tau_{ik}}}\right)$$

である．補題 B.8 より

$$P\left(Z_{ik(n)} > t_\nu(r)\sqrt{\frac{W_{ik(n)}}{\tau_{ik}}}\right) = \frac{1-P^*}{k-1}$$

であるので

$$P(\mathrm{CS}) \geq 1-(k-1)\left(\frac{1-P^*}{k-1}\right) = P^*$$

となり，定理が証明される．□

● 定理 3.17 の証明

$p_{[i]}$ に対応する度数を $X_{(i)}, i=1,\ldots,k$ とする．$W_i = X_{(k)} - X_{(i)}, i = 1,\ldots,k-1$ とおくと

$$\begin{aligned} P(\mathrm{CS}) &\geq P(X_{(k)} > X_{(i)}, i=1,\ldots,k-1) \\ &= P(W_i > 0, i=1,\ldots,k-1) \end{aligned}$$

である．W_i の平均を μ，分散を σ^2 とすると，(3.46) より

$$\mu = n\frac{\theta^*-1}{\theta^*+k-1}, \qquad \sigma^2 = \frac{n}{(\theta^*+k-1)^2}((k+2)\theta^*+k-2)$$

であり，W_i と W_j の共分散は

$$\frac{n}{(\theta^*+k-1)^2}((k+1)\theta^*-1)$$

である．したがって，$U_i = (W_i-\mu)/\sigma, i=1,\ldots,k-1$ とおき，$(U_1,\ldots,U_{k-1})'$ の分布を，$k-1$ 次元正規分布 $N_{k-1}(\mathbf{0}, R)$ で近似する．ここで，$R=(\rho_{ij})$ とおくと

$$\rho_{ij} = \begin{cases} 1 & (i=j) \\ \rho & (i \neq j) \end{cases}$$

であり，

$$\rho = \frac{(k+1)\theta^*-1}{(k+2)\theta^*+k-2}$$

である．$\tau = \mu/\sigma$ とおくと

$$\tau = (\theta^*-1)\sqrt{\frac{n}{(k+2)\theta^*+k-2}}$$

であり

$$P(\mathrm{CS}) \geq P(U_i > -\tau, i = 1, \ldots, k-1)$$

となる．補題 B.6 より定理が示される． □

● **定理 3.18 の証明**

$p_{[i]}$ に対応する度数を $X_{(i)}, i = 1, \ldots, k$ とする．$W_i = X_{(i+1)} - X_{(1)}, i = 1, \ldots, k-1$ とおくと

$$P(\mathrm{CS}) \geq P(X_{(i)} > X_{(1)}, i = 2, \ldots, k) = P(W_i > 0, i = 1, \ldots, k-1)$$

である．W_i の平均を μ，分散を σ^2 とすると，(3.50) より

$$\mu = n\delta^*, \qquad \sigma^2 = \frac{n(1+\delta^*)(2-k\delta^*)}{k}$$

であり，W_i と W_j の共分散は

$$\frac{n(1+\delta^*)(1-k\delta^*)}{k}$$

である．$U_i = (W_i - \mu)/\sigma, i = 1, \ldots, k-1$ とおき，$(U_1, \ldots, U_{k-1})'$ の分布を，$k-1$ 次元正規分布 $N_{k-1}(\mathbf{0}, R)$ で近似する．ここで，$R = (\rho_{ij})$ とおくと

$$\rho_{ij} = \begin{cases} 1 & (i = j) \\ \rho & (i \neq j) \end{cases}$$

であり

$$\rho = \frac{1-k\delta^*}{2-k\delta^*}$$

である．$\tau = \mu/\sigma$ とおくと

$$\tau = \delta^* \sqrt{\frac{nk}{(1+\delta^*)(2-k\delta^*)}}$$

であり

$$P(\mathrm{CS}) \geq P(U_i > -\tau, i = 1, \ldots, k-1)$$

である．補題 B.6 より定理が示される． □

B.4　付録 A

位置-尺度分布族において，$\mathbf{X} = (X_1, \ldots, X_n)$ の同時確率密度関数は

$$g(\boldsymbol{x}|\boldsymbol{\theta}) = \prod_{i=1}^{n} \frac{1}{\sigma} f\left(\frac{x_i - \mu}{\sigma}\right)$$

と表される．ここで，$\boldsymbol{x} = (x_1, \ldots, x_n), \boldsymbol{\theta} = (\mu, \sigma)$ である．標本数を固定すると推測方法が構成できない問題を示すために，分布間の距離を定義する．$\boldsymbol{\theta} = (\mu, \sigma), \tilde{\boldsymbol{\theta}} = (\tilde{\mu}, \sigma)$ $(\mu \neq \tilde{\mu})$ に対して

$$d(\boldsymbol{\theta}, \tilde{\boldsymbol{\theta}}) = \sup_{\phi} |E_{\boldsymbol{\theta}}\{\phi(\mathbf{X})\} - E_{\tilde{\boldsymbol{\theta}}}\{\phi(\mathbf{X})\}| \tag{B.1}$$

とおく．ただし，$\phi(\boldsymbol{x})$ は $0 \leq \phi(\boldsymbol{x}) \leq 1$ を満たす関数である．このとき

$$d(\boldsymbol{\theta}, \tilde{\boldsymbol{\theta}}) = \frac{1}{2} \int_{-\infty}^{\infty} \cdots \int_{-\infty}^{\infty} |g(\boldsymbol{x}|\boldsymbol{\theta}) - g(\boldsymbol{x}|\tilde{\boldsymbol{\theta}})| dx_1 \cdots dx_n$$

と表される (Hoeffding and Wolfowitz [28])．$z_i = (x_i - \mu)/\sigma, i = 1, \ldots, n$ と変数変換すると

$$d(\boldsymbol{\theta}, \tilde{\boldsymbol{\theta}}) = \frac{1}{2} \int_{-\infty}^{\infty} \cdots \int_{-\infty}^{\infty} \left| \prod_{i=1}^{n} f(z_i) - \prod_{i=1}^{n} f\left(z_i + \frac{\mu - \tilde{\mu}}{\sigma}\right) \right| dz_1 \cdots dz_n$$

となり

$$\lim_{\sigma \to \infty} d(\boldsymbol{\theta}, \tilde{\boldsymbol{\theta}}) = 0 \tag{B.2}$$

が成立する (Lehmann [34], p.573)．

定理 A.1 を証明するために，検定方法を**検定関数** $\phi(\boldsymbol{x})(0 \leq \phi(\boldsymbol{x}) \leq 1)$ を用いて定義する．すなわち，$\mathbf{X} = \boldsymbol{x}$ のとき，確率 $\phi(\boldsymbol{x})$ で H_0 を棄却する．次の補題は**ネイマン・ピアッソンの補題** (fundamental lemma of

Neyman and Pearson) と呼ばれ，仮説検定における基本的な結果である．

補題 B.10（ネイマン・ピアッソンの補題）

(A.1) の仮説検定において，σ の値は既知とし，$\boldsymbol{\theta}_0 = (\mu_0, \sigma), \boldsymbol{\theta}_1 = (\mu_1, \sigma)$ とする．このとき

$$\phi_\sigma(\boldsymbol{x}) = \begin{cases} 1, & g(\boldsymbol{x}|\boldsymbol{\theta}_1) > kg(\boldsymbol{x}|\boldsymbol{\theta}_0) \\ 0, & g(\boldsymbol{x}|\boldsymbol{\theta}_1) \leq kg(\boldsymbol{x}|\boldsymbol{\theta}_0) \end{cases}$$

とする．定数 $k(>0)$ は，与えられた $\alpha(0 < \alpha < 1)$ に対して

$$E_{\boldsymbol{\theta}_0}\{\phi_\sigma(\mathbf{X})\} = \alpha$$

となるように定める．このとき，$E_{\boldsymbol{\theta}_0}\{\phi(\mathbf{X})\} \leq \alpha$ を満たす任意の検定関数 $\phi(\boldsymbol{x})$ に対して

$$E_{\boldsymbol{\theta}_1}\{\phi(\mathbf{X})\} \leq E_{\boldsymbol{\theta}_1}\{\phi_\sigma(\mathbf{X})\}$$

が成立する．

証明　$\phi_\sigma(\boldsymbol{x})$ の定義より

$$\int_{-\infty}^{\infty} \cdots \int_{-\infty}^{\infty} (\phi_\sigma(\boldsymbol{x}) - \phi(\boldsymbol{x}))(g(\boldsymbol{x}|\boldsymbol{\theta}_1) - kg(\boldsymbol{x}|\boldsymbol{\theta}_0))dx_1 \cdots dx_n \geq 0$$

である．したがって

$$\begin{aligned} & E_{\boldsymbol{\theta}_1}\{\phi_\sigma(\mathbf{X})\} - E_{\boldsymbol{\theta}_1}\{\phi(\mathbf{X})\} \\ &= \int_{-\infty}^{\infty} \cdots \int_{-\infty}^{\infty} (\phi_\sigma(\boldsymbol{x}) - \phi(\boldsymbol{x}))g(\boldsymbol{x}|\boldsymbol{\theta}_1)dx_1 \cdots dx_n \\ &\geq k \int_{-\infty}^{\infty} \cdots \int_{-\infty}^{\infty} (\phi_\sigma(\boldsymbol{x}) - \phi(\boldsymbol{x}))g(\boldsymbol{x}|\boldsymbol{\theta}_0)dx_1 \cdots dx_n \\ &= k(\alpha - E_{\boldsymbol{\theta}_0}\{\phi(\mathbf{X})\}) \geq 0 \end{aligned}$$

となり，補題が示される．　□

● 定理 A.1 の証明

$\Theta_0 = \{\boldsymbol{\theta} = (\mu_0, \sigma); \sigma > 0\}, \Theta_1 = \{\boldsymbol{\theta} = (\mu_1, \sigma); \sigma > 0\}$ とおく．条件を満たす検定方法，すなわち

$$E_{\boldsymbol{\theta}}\{\phi(\mathbf{X})\} \leq \alpha, \quad \boldsymbol{\theta} \in \Theta_0,$$
$$E_{\boldsymbol{\theta}}\{\phi(\mathbf{X})\} \geq 1 - \beta, \quad \boldsymbol{\theta} \in \Theta_1$$

を満たす検定関数 $\phi(\boldsymbol{x})$ が存在したとする．各 σ に対して $\boldsymbol{\theta}_0 = (\mu_0, \sigma)$, $\boldsymbol{\theta}_1 = (\mu_1, \sigma)$ とおくと，補題 B.10 で定義された $\phi_\sigma(\boldsymbol{x})$ は

$$E_{\boldsymbol{\theta}_0}\{\phi_\sigma(\mathbf{X})\} = \alpha, \quad E_{\boldsymbol{\theta}_1}\{\phi_\sigma(\mathbf{X})\} \geq 1 - \beta$$

を満たす．(B.1) より

$$|E_{\boldsymbol{\theta}_0}\{\phi_\sigma(\mathbf{X})\} - E_{\boldsymbol{\theta}_1}\{\phi_\sigma(\mathbf{X})\}| \leq d(\boldsymbol{\theta}_0, \boldsymbol{\theta}_1)$$

であり，$E_{\boldsymbol{\theta}_0}\{\phi_\sigma(\mathbf{X})\} = \alpha$ であるので，(B.2) より

$$\lim_{\sigma \to \infty} E_{\boldsymbol{\theta}_1}\{\phi_\sigma(\mathbf{X})\} = \alpha$$

である．したがって，$\alpha \geq 1 - \beta$ となり，$\alpha + \beta < 1$ に矛盾する．ゆえに条件を満たす検定方法は存在しない． □

● 定理 A.2 の証明

条件を満たす推定量 $\delta(\mathbf{X})$ が存在したとする．$\omega(\rho) > 0$ を満たす $\rho(> 0)$ に対して

$$E_{\boldsymbol{\theta}}\{L(\boldsymbol{\theta}, \delta(\mathbf{X}))\} = E_{\boldsymbol{\theta}}\{\omega(|\delta(\mathbf{X}) - \mu|)\} \geq \omega(\rho) P_{\boldsymbol{\theta}}(|\delta(\mathbf{X}) - \mu| \geq \rho)$$

であるので

$$\begin{aligned} P_{\boldsymbol{\theta}}(|\delta(\mathbf{X}) - \mu| < \rho) &= 1 - P_{\boldsymbol{\theta}}(|\delta(\mathbf{X}) - \mu| \geq \rho) \\ &\geq 1 - \frac{E_{\boldsymbol{\theta}}\{L(\boldsymbol{\theta}, \delta(\mathbf{X}))\}}{\omega(\rho)} \geq 1 - \alpha \end{aligned} \tag{B.3}$$

ここで，$\alpha = W/\omega(\rho)$ である．$0 < W < M$ であるので，ρ を $0 < \alpha < 1$

となるように選ぶことができる．$r > 1 + 2/(1-\alpha)$ を満たす整数 r に対して，$\mu_1, \ldots, \mu_r$ を

$$|\mu_i - \mu_j| > 2\rho, \quad i \neq j$$

を満たすように選ぶ．このとき

$$C_i = \{\boldsymbol{x}; |\delta(\boldsymbol{x}) - \mu_i| < \rho\}, \quad i = 1, \ldots, r$$

とおくと，$C_i \bigcap C_j = \phi(i \neq j)$ である．$\boldsymbol{\theta}_i = (\mu_i, \sigma), i = 1, \ldots, r$ とすると (B.3) より

$$P_{\boldsymbol{\theta}_i}(C_i) \geq 1 - \alpha, \quad i = 1, \ldots, r \tag{B.4}$$

である．(B.1) と (B.2) より

$$|P_{\boldsymbol{\theta}_1}(C_i) - P_{\boldsymbol{\theta}_i}(C_i)| < \frac{1-\alpha}{2}, \quad i = 2, \ldots, r$$

を満たす σ が存在する．したがって，(B.4) より

$$P_{\boldsymbol{\theta}_1}(C_i) \geq \frac{1-\alpha}{2}, \quad i = 2, \ldots, r$$

であり

$$P_{\boldsymbol{\theta}_1}\left(\bigcup_{i=2}^{r} C_i\right) = \sum_{i=2}^{r} P_{\boldsymbol{\theta}_1}(C_i) \geq \frac{(r-1)(1-\alpha)}{2} > 1$$

となり矛盾である．したがって，条件を満たす推定量は存在しない．　□

定理 A.3 を証明するために，選択方法は**選択関数**

$$\phi(\boldsymbol{x}) = (\phi_1(\boldsymbol{x}), \ldots, \phi_k(\boldsymbol{x})), \quad \phi_i(\boldsymbol{x}) \geq 0, i = 1, \ldots, k, \sum_{i=1}^{k} \phi_i(\boldsymbol{x}) = 1$$

を用いて定義する．すなわち，$\mathbf{X} = \boldsymbol{x}$ のとき，確率 $\phi_i(\boldsymbol{x})$ で母集団 Π_i を選択する．このとき正しい選択 (CS) が起こる確率は

$$P_{\boldsymbol{\theta}}(\mathrm{CS}) = E_{\boldsymbol{\theta}}\{\phi_{(k)}(\mathbf{X})\}$$

と表される．ただし，$\phi_{(k)}(\boldsymbol{x})$ は最良母集団に対応する選択関数である．

● 定理 A.3 の証明

$\boldsymbol{\theta} = (\mu_1, \ldots, \mu_k, \sigma), \tilde{\boldsymbol{\theta}} = (\tilde{\mu}_1, \ldots, \tilde{\mu}_k, \sigma)$ とする．ただし，少なくとも 1 つの成分に対して，$\mu_i \neq \tilde{\mu}_i$ である．(B.1) で $d(\boldsymbol{\theta}, \tilde{\boldsymbol{\theta}})$ を定義すると

$$\lim_{\sigma \to \infty} d(\boldsymbol{\theta}, \tilde{\boldsymbol{\theta}}) = 0 \tag{B.5}$$

が成り立つことが (B.2) と同様に示される．

$\boldsymbol{\theta}_i$ の成分を $\mu_i = \delta^*, \mu_j = 0, j \neq i$ とする．条件を満たす選択方法 $\phi(\boldsymbol{x}) = (\phi_1(\boldsymbol{x}), \ldots, \phi_k(\boldsymbol{x}))$ が存在したとすると

$$E_{\boldsymbol{\theta}_i}\{\phi_i(\mathbf{X})\} \geq P^*, \quad i = 1, \ldots, k$$

である．(B.1) と (B.5) より

$$\lim_{\sigma \to \infty} |E_{\boldsymbol{\theta}_1}\{\phi_i(\mathbf{X})\} - E_{\boldsymbol{\theta}_i}\{\phi_i(\mathbf{X})\}| = 0, \quad i = 2, \ldots, k$$

である．したがって，$0 < \varepsilon < (kP^* - 1)/(k-1)(> 0)$ を満たす ε に対して

$$E_{\boldsymbol{\theta}_1}\{\phi_i(\mathbf{X})\} \geq P^* - \varepsilon(> 0), \quad i = 2, \ldots, k$$

を満たす σ が存在する．このとき

$$\begin{aligned} 1 = E_{\boldsymbol{\theta}_1}\left\{\sum_{i=1}^{k} \phi_i(\mathbf{X})\right\} &= \sum_{i=1}^{k} E_{\boldsymbol{\theta}_1}\{\phi_i(\mathbf{X})\} \\ &= E_{\boldsymbol{\theta}_1}\{\phi_1(\mathbf{X})\} + \sum_{i=2}^{k} E_{\boldsymbol{\theta}_1}\{\phi_i(\mathbf{X})\} \\ &\geq P^* + (k-1)(P^* - \varepsilon) = kP^* - (k-1)\varepsilon > 1 \end{aligned}$$

となり矛盾である．したがって，条件を満たす選択方法は存在しない．□

● 定理 A.4 の証明

$$N\bar{X}_{i(N)} = \sum_{j=1}^{m} X_{ij} + \sum_{j=m+1}^{N} X_{ij}$$

と表す．$\sum_{j=1}^{m} X_{ij}$ と S_i^2 は独立であるので，$N\bar{X}_{i(N)}$ の条件付き分布は正規分布 $N(N\mu_i, N\sigma^2)$ となり，このことから定理が示される．□

● 定理 A.5 の証明

定数 a, b は

$$(n-1)a + b = 1, \quad \sigma^2((n-1)a^2 + b^2) = z$$

を満たすので，(A.5) より定理が示される．□

● 定理 A.6 の証明

$$b_1 = \frac{1}{\tilde{N}}\left(1 + \sqrt{\frac{m(\tilde{N}z - S^2)}{(\tilde{N}-m)S^2}}\right), \quad b_2 = \frac{1-(\tilde{N}-m)b_1}{m}$$

とおくと，(A.7) より

$$\tilde{X}_{(\tilde{N})} = b_2 \sum_{i=1}^{m} X_j + b_1 \sum_{i=m+1}^{\tilde{N}} X_i \tag{B.6}$$

であり

$$mb_2 + (\tilde{N}-m)b_1 = 1, \quad mb_2^2 + (\tilde{N}-m)b_1^2 = \frac{z}{S^2}$$

である．したがって，(B.6) より S^2 を与えたとき，T の条件付き分布は正規分布 $N(0, \sigma^2/S^2)$ である．このことから

$$P(T < t) = E\{P(T < t|S^2)\} = E\left\{\Phi\left(t\sqrt{\frac{S^2}{\sigma^2}}\right)\right\}$$

と表される．$(m-1)S^2/\sigma^2$ の分布は自由度 $m-1$ のカイ二乗分布であるので，t 分布の定義から T の分布は自由度 $m-1$ の t 分布である．□

● 定理 A.7 の証明

$X_1, \ldots, X_n$ を大きさの順に並べ替えた値を $X_{(1)} \le \cdots \le X_{(n)}$ とすると，それらの同時確率密度関数は

$$\frac{n!}{\sigma^n} \exp\left(-\frac{1}{\sigma}\sum_{i=1}^{n}(x_{(i)} - \mu)\right), \quad \mu \le x_{(1)} \le \cdots \le x_{(n)}$$

と表される．$Z_i = (n-i+1)(X_{(i)} - X_{(i-1)})/\sigma, i = 1, \ldots, k$ とおく．ただし，$X_{(0)} = \mu$ である．このとき

$$\frac{1}{\sigma}\sum_{i=1}^{n}(X_{(i)} - \mu) = \sum_{i=1}^{n} Z_i$$

となり，$Z_1, \ldots, Z_n$ の同時確率密度関数は

$$\exp\left(-\sum_{i=1}^{n} z_i\right), \quad z_1 > 0, \ldots, z_n > 0$$

となる．このことから，$Z_1, \ldots, Z_n$ は互いに独立で，$2Z_i$ の分布は自由度 2 のカイ二乗分布となる．また

$$\frac{2n(X_{(1)} - \mu)}{\sigma} = 2Z_1, \quad \frac{2(n-1)U}{\sigma} = \sum_{i=2}^{n} 2Z_i$$

と表されるので定理が証明される． □

● 定理 A.8 の証明

$$\begin{aligned} X_{i(N)} &= \min\{X_{i1}, \ldots, X_{im}, X_{im+1}, \ldots, X_{iN}\} \\ &= \min\{X_{i(m)}, X_{im+1}, \ldots, X_{iN}\} \end{aligned}$$

と表される．定理 A.7 より $X_{i(m)}$ と U_i は独立である．したがって，U_i, $i = 1, \ldots, k$ を与えたとき，$2N(X_{i(N)} - \mu_i)/\sigma, i = 1, \ldots, k$ の条件付き分布は，互いに独立で自由度 2 のカイ二乗分布になる． □

● 定理 A.9 の証明

(A.8) より

$$P(N=l)=P(l \geq [\lambda X]+1)=P(\lambda X \leq l)=P\left(X \leq \frac{l}{\lambda}\right)$$

また，$n \geq l+1$ のとき

$$\begin{aligned} P(N=n) &= P([\lambda X]+1=n)=P(n-1 \leq \lambda X \leq n) \\ &= P\left(\frac{n-1}{\lambda} \leq X \leq \frac{n}{\lambda}\right) \end{aligned}$$

となる．したがって

$$\begin{aligned} E(N) &= \sum_{n=l}^{\infty} nP(N=n) \\ &= lP\left(X \leq \frac{l}{\lambda}\right)+\sum_{n=l+1}^{\infty} nP\left(\frac{n-1}{\lambda} \leq X \leq \frac{n}{\lambda}\right) \\ &= l\left(1-P\left(X \geq \frac{l}{\lambda}\right)\right) \\ &\qquad +\sum_{n=l+1}^{\infty} n\left\{P\left(X \geq \frac{n-1}{\lambda}\right)-P\left(X \geq \frac{n}{\lambda}\right)\right\} \\ &= l+\sum_{n=l}^{\infty} P\left(X \geq \frac{n}{\lambda}\right) \end{aligned}$$

となり，定理が示される．　□

定理 A.10 を示すために次の補題が必要である．

補題 B.11

$$\lim_{\lambda \to \infty} E(\lambda X-[\lambda X])=\frac{1}{2}$$

証明　$U= \lambda \mathrm{X}-[\lambda \mathrm{X}]$ とおく．U が $(0,1)$ 上の一様分布に分布収束することを示せばよい．$G(x), g(x)$ を X の分布関数，確率密度関数とする．こ

のとき，$0 < u < 1$ に対して

$$\begin{aligned} P(U \le u) &= P(\lambda X - [\lambda X] \le u) \\ &= \sum_{n=0}^{\infty} P(\lambda X - [\lambda X] \le u, [\lambda X] = n) \\ &= \sum_{n=0}^{\infty} P(\lambda X - n \le u, n \le \lambda X < n+1) \\ &= \sum_{n=0}^{\infty} P(n \le \lambda X \le n+u) \\ &= \sum_{n=0}^{\infty} \left(G\left(\frac{n+u}{\lambda}\right) - G\left(\frac{n}{\lambda}\right) \right) = \sum_{n=0}^{\infty} \frac{u}{\lambda} g(\xi_n) \end{aligned}$$

ここで，$n/\lambda \le \xi_n \le (n+u)/\lambda < (n+1)/\lambda$ である．したがって

$$\lim_{\lambda \to \infty} P(U \le u) = u \lim_{\lambda \to \infty} \sum_{n=0}^{\infty} \frac{1}{\lambda} g(\xi_n) = u \int_0^{\infty} g(x) dx = u$$

となり，U は $(0,1)$ 上の一様分布に分布収束する． □

● 定理 A.10 の証明

$R = [\lambda X] + 1, J = \lambda X - [\lambda X]$ とおくと，(A.8) より

$$N = \max\{l, R\} \tag{B.7}$$

であり

$$R = \lambda X - J + 1$$

と表される．$E(R) = \lambda\theta - E(J) + 1$ と補題 B.11 より

$$\lim_{\lambda \to \infty} E(R - \lambda\theta) = \frac{1}{2} \tag{B.8}$$

となる．また

$$P(R < l) = P(\lambda X < l) = P\left(X < \frac{l}{\lambda}\right)$$

であり，(B.7) より

$$0 \leq E(N-R) \leq lP\left(X < \frac{l}{\lambda}\right)$$

となり

$$\lim_{\lambda\to\infty} E(N-R) = 0$$

が成り立つ．したがって，(B.8) より

$$\lim_{\lambda\to\infty} E(N-\lambda\theta) = \lim_{\lambda\to\infty} E(N-R) + \lim_{\lambda\to\infty} E(R-\lambda\theta) = \frac{1}{2}$$

となり，定理が証明される． □

定理 A.11 を示すために次の補題が必要である．

補題 B.12

$T = \sqrt{N}(\bar{X}_{(N)} - \mu)/\sqrt{S^2}$ の分布は自由度 $m-1$ の t 分布である．

証明 定理 A.4 より，S^2 を与えたとき，$\sqrt{N}(\bar{X}_{(N)} - \mu)/\sigma$ の条件付き分布は標準正規分布であるので

$$\begin{aligned} P(T<t) &= E\left\{P\left(\frac{\sqrt{N}(\bar{X}_{(N)}-\mu)}{S} < t \,\middle|\, S^2\right)\right\} \\ &= E\left\{P\left(\frac{\sqrt{N}(\bar{X}_{(N)}-\mu)}{\sigma} < t\sqrt{\frac{S^2}{\sigma^2}} \,\middle|\, S^2\right)\right\} \\ &= E\left\{\Phi\left(t\sqrt{\frac{S^2}{\sigma^2}}\right)\right\} \end{aligned}$$

と表すことができる．$(m-1)S^2/\sigma^2$ は自由度 $m-1$ のカイ二乗分布に従う確率変数であるので t 分布の定義から，T の分布は自由度 $m-1$ の t 分布となる． □

● 定理 A.11 の証明

補題 B.12 より検定方法 (A.13) の第一種の過誤の確率は α である．$\mu \geq \mu_1$ のとき検出力は，$\tilde{T} = \sqrt{N}(\bar{X}_{(N)} - \mu)/\sqrt{S^2}$ とおくと

$$P(T > t_{m-1}(\alpha)) = P\left(\tilde{T} + \frac{\sqrt{N}(\mu - \mu_0)}{\sqrt{S^2}} > t_{m-1}(\alpha)\right) \geq P\left(\tilde{T} + d\sqrt{\frac{N}{S^2}} > t_{m-1}(\alpha)\right)$$

である．(A.12) より $N \geq \rho^2 S^2/d^2$ であるので

$$P(T > t_{m-1}(\alpha)) \geq P(\tilde{T} + \rho > t_{m-1}(\alpha)) = P(\tilde{T} > -t_{m-1}(\beta)) = 1 - \beta$$

となり，検出力は $1 - \beta$ 以上となる．□

● 定理 A.12 の証明

補題 B.12 の証明と同様にして $\tilde{T} = \sqrt{N}(\bar{X}_{1(N)} - \bar{X}_{2(N)} - \mu_1 + \mu_2)/\sqrt{2\hat{\sigma}^2}$ の分布は自由度 $2(m-1)$ の t 分布であることが示される．したがって，第一種の過誤の確率は α である．$\mu_1 - \mu_2 \geq d$ のとき検出力は

$$P(T > t_{2(m-1)}(\alpha)) = P\left(\tilde{T} + \frac{\sqrt{N}(\mu_1 - \mu_2)}{\sqrt{2\hat{\sigma}^2}} > t_{2(m-1)}(\alpha)\right) \geq P\left(\tilde{T} + \frac{\sqrt{N}d}{\sqrt{2\hat{\sigma}^2}} > t_{2(m-1)}(\alpha)\right)$$

である．(A.15) より $N \geq 2\rho^2\hat{\sigma}^2/d^2$ であるので

$$P(T > t_{2(m-1)}(\alpha)) \geq P(\tilde{T} + \rho > t_{2(m-1)}(\alpha)) = P(\tilde{T} > -t_{2(m-1)}(\beta)) = 1 - \beta$$

となり，検出力は $1 - \beta$ 以上である．□

● 定理 A.13 の証明

定理 A.6 より $\tilde{T} = (\tilde{X}_{1(N)} - \tilde{X}_{2(N)} - \mu_1 + \mu_2)/\sqrt{z}$ の分布関数 $K_\nu(t)$ は

$$K_\nu(t) = \int_{-\infty}^{\infty} \Psi_\nu(x + t)\psi_\nu(x)dx$$

と表される．したがって，(A.18) より第一種の過誤の確率は α である．$\mu_1 - \mu_2 \geq d$ のときの検出力は，$z = d^2/(\gamma_\alpha + \gamma_\beta)^2$ であるので，(A.18) より

$$\begin{aligned} P(T > \gamma_\alpha) &= P\left(\tilde{T} + \frac{\mu_1 - \mu_2}{\sqrt{z}} > \gamma_\alpha\right) \geq P\left(\tilde{T} + \frac{d}{\sqrt{z}} > \gamma_\alpha\right) \\ &= P(\tilde{T} > -\gamma_\beta) = P(\tilde{T} < \gamma_\beta) = 1 - \beta \end{aligned}$$

となり，検出力は $1 - \beta$ 以上である．□

定理 A.14 を示すのに次の補題を用いる．

補題 B.13
(A.18) の解 γ_η に対して，不等式 $\sqrt{2}t_{2(m-1)}(\eta) \leq \gamma_\eta$ が成り立つ．

証明　Z_1, Z_2, W_1, W_2 は互いに独立な確率変数で，Z_1, Z_2 の分布は標準正規分布，W_1, W_2 の分布は自由度 $\nu = m - 1$ のカイ二乗分布とする．このとき

$$K_\nu(t) = P\left(\frac{Z_1}{\sqrt{W_1/\nu}} - \frac{Z_2}{\sqrt{W_2/\nu}} \leq t\right)$$

と表すことができる．したがって

$$\begin{aligned} K_\nu(t) &= E\left\{P\left(\frac{Z_1}{\sqrt{W_1/\nu}} - \frac{Z_2}{\sqrt{W_2/\nu}} \middle| W_1, W_2\right)\right\} \\ &= E\left\{\Phi\left(\frac{t}{\sqrt{\nu/W_1 + \nu/W_2}}\right)\right\} = E\left\{\Phi\left(\frac{t}{\sqrt{\nu}}\sqrt{\frac{W_1 W_2}{W_1 + W_2}}\right)\right\} \\ &\leq E\left\{\Phi\left(\frac{t}{\sqrt{2}}\sqrt{\frac{W_1 + W_2}{2\nu}}\right)\right\} = P\left(T \leq \frac{t}{\sqrt{2}}\right) \end{aligned}$$

ここで，T の分布は自由度 2ν の t 分布である．したがって

$$\eta = 1 - K_\nu(\gamma_\eta) \geq 1 - P\left(T \leq \frac{\gamma_\eta}{\sqrt{2}}\right) = P\left(T \geq \frac{\gamma_\eta}{\sqrt{2}}\right)$$

となり，$t_{2(m-1)}(\eta) \leq \gamma_\eta/\sqrt{2}$ が示される． □

● 定理 A.14 の証明

補題 B.13 より $\sqrt{2}t_{2(m-1)}(\alpha) \leq \gamma_\alpha, \sqrt{2}t_{2(m-1)}(\beta) \leq \gamma_\beta$ である．したがって

$$\frac{1}{z} = \frac{(\gamma_\alpha + \gamma_\beta)^2}{d^2} \geq \frac{2(t_{2(m-1)}(\alpha) + t_{2(m-1)}(\beta))^2}{d^2} = \frac{2\rho^2}{d^2}$$

となる．(A.17) より

$$\frac{\tilde{N}_1 + \tilde{N}_2}{2} \geq \frac{S_1^2 + S_2^2}{2z} \geq \frac{2\rho^2\hat{\sigma}^2}{d^2}$$

であるので

$$\frac{\tilde{N}_1 + \tilde{N}_2}{2} + \frac{1}{2} \geq \left[\frac{2\rho^2\hat{\sigma}^2}{d^2}\right] + 1$$

となる．$(\tilde{N}_1 + \tilde{N}_2 + 1)/2 > m$ は明らかであるので，(A.15) より

$$\frac{\tilde{N}_1 + \tilde{N}_2 + 1}{2} \geq N$$

となり，定理が示される． □

● 定理 A.15 の証明

選択方法が (A.21) を満たすとする．母数空間 Θ を次の k 個の部分空間に分割する．

$$\Theta = \bigcup_{i=0}^{k-1} \Theta_i$$

ただし

$$\Theta_i = \{\boldsymbol{\theta} = (\theta_1, \ldots, \theta_k); \delta(\theta_{[k]}, \theta_{[k-i]}) < \delta^*, \delta(\theta_{[k]}, \theta_{[k-i-1]}) \geq \delta^*\},$$

$$i = 0, 1, \ldots, k-2$$

$$\Theta_{k-1} = \{\boldsymbol{\theta} = (\theta_1, \ldots, \theta_k); \delta(\theta_{[k]}, \theta_{[1]}) < \delta^*\}$$

である．このとき，$\Theta_P = \Theta_0$ である．明らかに，部分空間 Θ_0, Θ_{k-1} では (A.22) は満たされる．

$\boldsymbol{\theta} \in \Theta_i (i = 1, \ldots, k-2)$ とする．このとき母集団 $\Pi_{(k-i)}, \ldots, \Pi_{(k)}$ のどれかを選択すれば $\delta(\theta_{[k]}, \theta_S) < \delta^*$ となる．したがって

$$
\begin{aligned}
&P_{\boldsymbol{\theta}}(\delta(\theta_{[k]}, \theta_S) < \delta^*) \\
&\quad = P_{\boldsymbol{\theta}}(\max\{\hat{\theta}_{(k-i)}, \ldots, \hat{\theta}_{(k)}\} > \max\{\hat{\theta}_{(k-i-1)}, \ldots, \hat{\theta}_{(1)}\}) \\
&\quad \geq P_{\boldsymbol{\theta}}(\hat{\theta}_{(k)} > \max\{\hat{\theta}_{(k-i-1)}, \ldots, \hat{\theta}_{(1)}\})
\end{aligned}
$$

ここで，$\hat{\theta}_{(i)}$ は母集団 $\Pi_{(i)}$ からの推定量である．最後の式の確率の計算には母集団 $\Pi_{(k)}, \Pi_{(k-i-1)}, \ldots, \Pi_{(1)}$ が関係し，母集団 $\Pi_{(k-1)}, \ldots, \Pi_{(k-i)}$ は関係しないことに注意する．$\boldsymbol{\theta} = (\theta_1, \ldots, \theta_k)$ に対して，$\tilde{\boldsymbol{\theta}} = (\tilde{\theta}_1, \ldots, \tilde{\theta}_k)$ を次のように定義する．

$$
\begin{aligned}
&\tilde{\theta}_{[1]} = \theta_{[1]}, \ldots, \tilde{\theta}_{[k-i-1]} = \theta_{[k-i-1]}, \\
&\tilde{\theta}_{[k-i]} = \cdots = \tilde{\theta}_{[k-1]} = \theta_{[k-i-1]}, \\
&\tilde{\theta}_{[k]} = \theta_{[k]}
\end{aligned}
$$

このとき

$$
\begin{aligned}
&P_{\boldsymbol{\theta}}(\hat{\theta}_{(k)} > \max\{\hat{\theta}_{(k-i-1)}, \ldots, \hat{\theta}_{(1)}\}) \\
&\quad = P_{\tilde{\boldsymbol{\theta}}}(\hat{\theta}_{(k)} > \max\{\hat{\theta}_{(k-i-1)}, \ldots, \hat{\theta}_{(1)}\}) \\
&\quad \geq P_{\tilde{\boldsymbol{\theta}}}(\hat{\theta}_{(k)} > \max\{\hat{\theta}_{(k-1)}, \ldots, \hat{\theta}_{(1)}\})
\end{aligned}
$$

であり，$\tilde{\boldsymbol{\theta}} \in \Theta_P$ であるので

$$
P_{\boldsymbol{\theta}}(\delta(\theta_{[k]}, \theta_S) < \delta^*) \geq P^*, \quad \boldsymbol{\theta} \in \Theta_i, \quad i = 1, \ldots, k-2
$$

となり (A.22) が満たされる． □

● 定理 A.16 の証明

$$
\Theta = \{\boldsymbol{p} = (p_1, \ldots, p_k)\}, \quad \Theta_P = \{\boldsymbol{p} = (p_1, \ldots, p_k); \delta(p_{[k]}, p_{[k-1]}) \geq \delta^*\}
$$

と表す．定理 A.15 の証明と同様に母数空間 Θ を次のように分割する．

$$\Theta = \bigcup_{i=0}^{k-1} \Theta_i$$

ただし

$$\Theta_i = \{\boldsymbol{p} = (p_1, \ldots, p_k); \delta(p_{[k]}, p_{[k-i]}) < \delta^*, \delta(p_{[k]}, p_{[k-i-1]}) \geq \delta^*\},$$
$$i = 0, 1, \ldots, k-2$$

$$\Theta_{k-1} = \{\boldsymbol{p} = (p_1, \ldots, p_k); \delta(p_{[k]}, p_{[1]}) < \delta^*\}$$

である．$\Theta_0 = \Theta_P, \Theta_{k-1}$ では (A.22) は満たされている．$\boldsymbol{p} \in \Theta_i$, $i = 1, \ldots, k-2$ とする．$p_{[i]}$ に対応する母集団を $\Pi_{(i)}, i = 1, \ldots, k$ とすると

$$P_{\boldsymbol{p}}(\delta(p_{[k]}, p_S) < \delta^*) = \sum_{j=k-i}^{k} P_{\boldsymbol{p}}(\Pi_{(j)})$$

である．(3.3) より

$$\begin{aligned} & P_{\boldsymbol{p}}(\delta(p_{[k]}, p_S) < \delta^*) \\ &= \sum_{j=k-i}^{k} \int_{-\frac{1}{2}}^{n+\frac{1}{2}} \left\{ \prod_{l=1, l \neq j}^{k} F(x, p_{[l]}) \right\} f(x, p_{[j]}) dx \\ &= \int_{-\frac{1}{2}}^{n+\frac{1}{2}} \prod_{l=1}^{k-i-1} F(x, p_{[l]}) \left\{ \sum_{j=k-i}^{k} \left(\prod_{l=k-i, l \neq j}^{k} F(x, p_{[l]}) \right) f(x, p_{[j]}) \right\} dx \end{aligned} \tag{B.9}$$

と表すことができる．$p_{[i]}$ に対応する連続型二項分布に従う確率変数を $Y_{(i)}, i = 1, \ldots, k$ とし，$Y = \max\{Y_{(k-i)}, \ldots, Y_{(k)}\}$ とおくと

$$P_{\boldsymbol{p}}(Y < x) = \prod_{l=k-i}^{k} F(x, p_{[l]})$$

であるので，Y の確率密度関数は

$$\sum_{j=k-i}^{k} \left(\prod_{l=k-i, l \neq j}^{k} F(x, p_{[l]}) \right) f(x, p_{[j]})$$

となる．したがって，(B.9) より

$$
\begin{aligned}
&P_{\boldsymbol{p}}(\delta(p_{[k]}, p_S) < \delta^*) \\
&= P_{\boldsymbol{p}}(Y > \max\{Y_{(1)}, \dots, Y_{(k-i-1)}\}) \\
&\geq P_{\boldsymbol{p}}(Y_{(k)} > \max\{Y_{(1)}, \dots, Y_{(k-i-1)}\}) \\
&= \int_{-\frac{1}{2}}^{n+\frac{1}{2}} \left\{ \prod_{l=1}^{k-i-1} F(x, p_{[l]}) \right\} f(x, p_{[k]}) dx \\
&\geq \int_{-\frac{1}{2}}^{n+\frac{1}{2}} \left\{ \prod_{l=1}^{k-i-1} F(x, p_{[l]}) \right\} F(x, p_{[k-i-1]})^i f(x, p_{[k]}) dx \qquad \text{(B.10)}
\end{aligned}
$$

である．$\tilde{\boldsymbol{p}} = (\tilde{p}_1, \dots, \tilde{p}_k)$ を

$$
\begin{aligned}
&\tilde{p}_{[1]} = p_{[1]}, \dots, \tilde{p}_{[k-i-1]} = p_{[k-i-1]}, \\
&\tilde{p}_{[k-i]} = \cdots = \tilde{p}_{[k-1]} = p_{[k-i-1]}, \\
&\tilde{p}_{[k]} = p_{[k]}
\end{aligned}
$$

とおくと (B.10) より

$$
P_{\boldsymbol{p}}(\delta(p_{[k]}, p_S) < \delta^*) \geq \int_{-\frac{1}{2}}^{n+\frac{1}{2}} \left\{ \prod_{l=1}^{k-1} F(x, \tilde{p}_{[l]}) \right\} f(x, \tilde{p}_{[k]}) dx
$$

であり，(3.4) より

$$
P_{\boldsymbol{p}}(\delta(p_{[k]}, p_S) < \delta^*) \geq P_{\tilde{\boldsymbol{p}}}(\mathrm{CS})
$$

となる．$\tilde{\boldsymbol{p}} \in \Theta_P$ であるので

$$
P_{\boldsymbol{p}}(\delta(p_{[k]}, p_S) < \delta^*) \geq P^*, \quad \boldsymbol{p} \in \Theta_i, i = 1, \dots, k-2
$$

となり (B.3) が満たされ，定理が証明される．　□

補題 A.1 を示すのに次の補題を必要とする．

補題 B.14

$\varphi_k(\boldsymbol{x}, R)$ を k 次元正規分布 $N_k(\boldsymbol{0}, R)$ の同時確率密度関数とすると

$$\frac{\partial}{\partial \rho_{lm}} \varphi_k(\boldsymbol{x}, R) = \frac{\partial^2}{\partial x_l \partial x_m} \varphi_k(\boldsymbol{x}, R), \quad l < m$$

である．ただし，$R = (\rho_{lm}), \boldsymbol{x} = (x_1, \ldots, x_k)'$ である．

証明　$\varphi_k(\boldsymbol{x}, R)$ はその特性関数の逆変換として表すことができる．すなわち

$$\varphi_k(\boldsymbol{x}, R) = (2\pi)^{-k} \int_{-\infty}^{\infty} \cdots \int_{-\infty}^{\infty} \exp(-i\boldsymbol{t}'\boldsymbol{x} - \frac{1}{2}\boldsymbol{t}'R\boldsymbol{t}) dt_1 \cdots dt_k$$

ここで，$i^2 = -1, \boldsymbol{t} = (t_1, \ldots, t_k)'$ である．このことから

$$\begin{aligned} &\frac{\partial}{\partial \rho_{lm}} \varphi_k(\boldsymbol{x}, R) \\ &= -(2\pi)^{-k} \int_{-\infty}^{\infty} \cdots \int_{-\infty}^{\infty} t_l t_m \exp\left(-i\boldsymbol{t}'\boldsymbol{x} - \frac{1}{2}\boldsymbol{t}'R\boldsymbol{t}\right) dt_1 \cdots dt_k \end{aligned}$$

$$\begin{aligned} &\frac{\partial^2}{\partial x_l \partial x_m} \varphi_k(\boldsymbol{x}, R) \\ &= -(2\pi)^{-k} \int_{-\infty}^{\infty} \cdots \int_{-\infty}^{\infty} t_l t_m \exp(-i\boldsymbol{t}'\boldsymbol{x} - \frac{1}{2}\boldsymbol{t}'R\boldsymbol{t}) dt_1 \cdots dt_k \end{aligned}$$

となり，補題が示される．□

補題 B.15

$$\frac{\partial}{\partial \rho_{ij}} \alpha(k, \boldsymbol{a}, R) \geq 0, \quad i \neq j$$

証明　一般性を失うことなく $i = 1, j = 2$ とする．このとき

$$\begin{aligned} \alpha(k, \boldsymbol{a}, R) &= \int_{-\infty}^{a_1} \int_{-\infty}^{a_2} \cdots \int_{-\infty}^{a_k} \varphi_k(\boldsymbol{x}, R) dx_1 \cdots dx_k \\ &= \int_{-\infty}^{a_3} \cdots \int_{-\infty}^{a_k} \left\{ \int_{-\infty}^{a_1} \int_{-\infty}^{a_2} \varphi_k(\boldsymbol{x}, R) dx_1 dx_2 \right\} dx_3 \cdots dx_k \end{aligned}$$

であるので，補題 B.14 より

$$
\begin{aligned}
&\frac{\partial}{\partial \rho_{12}}\alpha(k,\boldsymbol{a},R)\\
&=\int_{-\infty}^{a_3}\cdots\int_{-\infty}^{a_k}\left\{\int_{-\infty}^{a_1}\int_{-\infty}^{a_2}\frac{\partial}{\partial \rho_{12}}\varphi_k(\boldsymbol{x},R)dx_1dx_2\right\}dx_3\cdots dx_k\\
&=\int_{-\infty}^{a_3}\cdots\int_{-\infty}^{a_k}\left\{\int_{-\infty}^{a_1}\int_{-\infty}^{a_2}\frac{\partial^2}{\partial x_1\partial x_2}\varphi_k(\boldsymbol{x},R)dx_1dx_2\right\}dx_3\cdots dx_k\\
&=\int_{-\infty}^{a_3}\cdots\int_{-\infty}^{a_k}\{\varphi_k(a_1,a_2,x_3,\ldots,x_k,R)\}dx_3\cdots dx_k\geq 0
\end{aligned}
$$

となり補題が示される. □

● 補題 A.1 の証明

$$S(\lambda)=(s_{ij}(\lambda))=\lambda R+(1-\lambda)T,\quad 0\leq\lambda\leq 1$$

とおくと $S(\lambda)$ は相関行列である.

$$
\begin{aligned}
\frac{d}{d\lambda}\alpha(k,\boldsymbol{a},S(\lambda))&=\sum_{i<j}\left(\frac{ds_{ij}}{d\lambda}\right)\frac{\partial}{\partial s_{ij}}\alpha(k,\boldsymbol{a},S(\lambda))\\
&=\sum_{i<j}(\rho_{ij}-\tau_{ij})\frac{\partial}{\partial s_{ij}}\alpha(k,\boldsymbol{a},S(\lambda))
\end{aligned}
$$

補題 B.15 より

$$\frac{\partial}{\partial s_{ij}}\alpha(k,\boldsymbol{a},S(\lambda))\geq 0$$

であり，$\rho_{ij}-\tau_{ij}\geq 0$ であるので

$$\frac{d}{d\lambda}\alpha(k,\boldsymbol{a},S(\lambda))\geq 0$$

したがって，$\alpha(k,\boldsymbol{a},S(1))\geq\alpha(k,\boldsymbol{a},S(0))$ である．$\alpha(k,\boldsymbol{a},S(1))=\alpha(k,\boldsymbol{a},R),\alpha(k,\boldsymbol{a},S(0))=\alpha(k,\boldsymbol{a},T)$ であるので補題 A.1 が証明される. □

● 定理 A.17 の証明

補題 A.1 で $T=(\tau_{ij}),\tau_{ij}=0,i\neq j$ とする．このとき $X_1,\ldots,X_k$ は互いに独立になるので定理が証明される. □

● 定理 A.18 の証明

$$P\left(\bigcap_{i=1}^{k} E_i\right) = 1 - P\left(\bigcup_{i=1}^{k} \bar{E}_i\right)$$

であるので

$$P\left(\bigcup_{i=1}^{k} \bar{E}_i\right) \leq \sum_{i=1}^{k} P(\bar{E}_i)$$

を示せばよい．$k = 2$ のときは，加法定理より成り立つ．一般の場合は数学的帰納法を用いて示される．□

演習問題解答

第1章

問 1.1　$k = 4, m = 12, \delta^* = 3.0, \hat{\sigma}^2 = 32.15, h = 2.998$ であるので，実験回数は

$$N = \max\left\{12, \left[\frac{2.998^2 \times 32.15}{3.0^2}\right] + 1\right\} = 33$$

である．また，実験の結果より，A_2 が選択される．銘柄 A_2 の燃費が一番良いか，悪くても燃費が最良の銘柄と比べて燃費の差は 3.0 以下である．

問 1.2　$k = 5, m = 14, \delta^* = 1.0, \tilde{h} = 3.506$ である．A_1 の標本数は

$$N_1 = \max\left\{14, \left[\frac{3.506^2 \times 1.52}{1.0^2}\right] + 1\right\} = 19$$

である．他も同様に求めると $N_2 = 31, N_3 = 45, N_4 = 37, N_5 = 24$ である．A_4 が選択される．また，実験の結果より，A_4 の成長率が最大か，悪くても最良の刺激剤との差は 1.0 以下である．

問 1.3　$k = 3, m = 12, \delta^* = 0.5, \gamma = 3.006$ である．$z = 0.028$ より A_1 の標本数を求めると

$$\tilde{N}_1 = \max\left\{12 + 1, \left[\frac{1.23}{0.028}\right] + 1\right\} = 44$$

である．他の場合も同様に求めると，$\tilde{N}_2 = 56, \tilde{N}_3 = 71$ である．$\bar{X}_{1(12)} = 90.0, \hat{\bar{X}}_{1(32)} = 89.7, b_1 = 0.701$ であるので，$\tilde{X}_{1(44)} = 89.8$ である．他の場合も同様に求めると，$\tilde{X}_{2(56)} = 92.3, \tilde{X}_{3(71)} = 88.9$ である．したがって，A_2 が選択される．A_2 が収率を最大にするか，悪くても最良の触媒との差は 0.5 以下である．

問 1.4　$k = 3, m = 12, \mu_0 = 2.0, \delta^* = 0.5, \hat{\sigma}^2 = 1.37$ であり，$g_E = 3.539$, $h_E = 2.210$ である．実験回数と定数 c は

$$N = \max\left\{12, \left[\frac{3.539^2 \times 1.37}{0.5^2}\right] + 1\right\} = 69, \quad c = \frac{2.210 \times 0.5}{3.539} = 0.31$$

である．したがって，$\mu_0 + c = 2.0 + 0.31 = 2.31$ より，A_1 が選択される．

問 1.5 $k = 4, m = 14, \mu_0 = 20, \delta^* = 1.5$ であり，$g_D = 3.905, h_D = 2.523$ であるので．$z = 0.148, c = 0.97$ である．A_1 の標本数は

$$\tilde{N}_1 = \max\left\{14 + 1, \left[\frac{4.23}{0.148}\right] + 1\right\} = 29$$

である．他の場合も同様に求めると，$\tilde{N}_2 = 24, \tilde{N}_3 = 32, \tilde{N}_4 = 20$ である．$\bar{X}_{1(14)} = 22.3, \hat{\bar{X}}_{1(15)} = 23.4, b_1 = 0.578$ であるので，$\tilde{X}_{1(29)} = 22.9$ である．他の場合も同様に求めると，$\tilde{X}_{2(24)} = 18.4, \tilde{X}_{3(32)} = 25.2, \tilde{X}_{4(20)} = 21.1$ である．$\mu_0 + c = 20 + 0.97 = 20.97$ であるので，A_3 が選択される．

問 1.6 $k = 3, m = 10, \delta^* = 1.0, \hat{\sigma}^2 = 1.36$ であり，$g_B = 4.867, h_B = 3.017$ である．実験回数と定数 c は

$$N = \max\left\{10, \left[\frac{4.867^2 \times 1.36}{1.0^2}\right] + 1\right\} = 33, \quad c = \frac{3.017 \times 1.0}{4.867} = 0.62$$

となる．$\bar{X}_{0(33)} + c = 25.2 + 0.62 = 25.82$ であるので，A_1 が選択される．

問 1.7 $k = 2, m = 10, \delta^* = 2.0$ であり，$g_D = 5.088, h_D = 3.082$ であるので $z = 0.156, c = 1.22$ である．A_0 の実験回数を求めると

$$\tilde{N}_0 = \max\left\{10 + 1, \left[\frac{8.24}{0.156}\right] + 1\right\} = 53$$

である．他の材質の実験回数を求めると，$\tilde{N}_1 = 50, \tilde{N}_2 = 59$ である．$\bar{X}_{0(10)} = 91.2, \hat{\bar{X}}_{0(43)} = 92.3, b_0 = 0.660$ であるので，$\tilde{X}_{0(53)} = 91.9$ である．他の場合も同様に求めると，$\tilde{X}_{1(50)} = 91.8, \tilde{X}_{2(59)} = 93.2$ である．$\tilde{X}_{0(53)} + c = 91.9 + 1.22 = 93.12$ であるので，A_2 が選択される．

問 1.8 $\tilde{X}_i$ の分布は $N(\mu_i, z)$ である（付録 A 定理 A.5）．ただし，$z = \delta^{*2}/\tau^2$ である．$\mu_{[i]}$ を母平均に持つ母集団からの推定量を $\tilde{X}_{(i)}, i = 1, \ldots, k$ で表す．$\mu_{[k]} - \mu_{[i]} \geq \delta^*$ のとき

$$\begin{aligned} P(\mathrm{CS}) &= P(\tilde{X}_{(k)} > \tilde{X}_{(i)}, i = 1, \ldots, k-1) \\ &= P\left(\frac{\tilde{X}_{(k)} - \mu_{[k]}}{\sqrt{z}} + \frac{\mu_{[k]} - \mu_{[i]}}{\sqrt{z}} > \frac{\tilde{X}_{(i)} - \mu_{[i]}}{\sqrt{z}}, i = 1, \ldots, k-1\right) \end{aligned}$$

$$\geq P\left(\frac{\tilde{X}_{(k)}-\mu_{[k]}}{\sqrt{z}}+\frac{\delta^*}{\sqrt{z}}>\frac{\tilde{X}_{(i)}-\mu_{[i]}}{\sqrt{z}}, i=1,\ldots,k-1\right)$$
$$=\int_{-\infty}^{\infty}\Phi^{k-1}\left(x+\frac{\delta^*}{\sqrt{z}}\right)\phi(x)dx$$
$$=\int_{-\infty}^{\infty}\Phi^{k-1}(x+\tau)\phi(x)dx=P^*$$

となり，(1.2) が満たされる．

問 1.9 $P_1^*>1/2$ のとき $h<g$ に注意する．(1.22) で与えられる n は $\sqrt{n}\delta^*/\sigma \geq g$ を満たす．また，$\sqrt{n}c/\sigma=(\sqrt{n}\delta^*/\sigma)(h/g)\geq h$ である．さらに

$$\frac{\sqrt{n}(c-\delta^*)}{\sigma}=\frac{\sqrt{n}\delta^*(h-g)}{\sigma g}\leq h-g$$

となり，不等式 (1.21) が満たされる．

問 1.10 $\tilde{X}_i$ の分布は $N(\mu_i,z)$ である（付録 A 定理 A.5）．ただし，$z=\delta^{*2}/g^2$ である．$\mu_{[i]}$ を母平均に持つ母集団からの推定量を $\tilde{X}_{(i)}, i=1,\ldots,k$ で表す．$\mu_{[k]}\leq\mu_0$ のとき，$c/\sqrt{z}=h$ に注意すると，(1.20) より

$$P(\mathrm{CS})=P(\tilde{X}_{(i)}\leq\mu_0+c, i=1,\ldots,k)$$
$$=P\left(\frac{\tilde{X}_{(i)}-\mu_{[i]}}{\sqrt{z}}<\frac{\mu_0-\mu_{[i]}+c}{\sqrt{z}}, i=1,\ldots,k\right)$$
$$\geq P\left(\frac{\tilde{X}_{(i)}-\mu_{[i]}}{\sqrt{z}}<\frac{c}{\sqrt{z}}, i=1,\ldots,k\right)=\Phi^k\left(\frac{c}{\sqrt{z}}\right)=\Phi^k(h)=P_0^*$$

である．$\mu_{[k]}\geq\max(\mu_{[k-1]},\mu_0)+\delta^*$ とする．このとき

$$P(\mathrm{CS})=P(\tilde{X}_{(k)}>\tilde{X}_{(i)}, i=1,\ldots,k-1, \tilde{X}_{(i)}>\mu_0+c)$$

である．$Z_{(i)}=(\tilde{X}_{(i)}-\mu_{[i]})/\sqrt{z}, i=1,\ldots,k$ とおくと

$$P(\mathrm{CS})$$
$$=P\left(Z_{(k)}+\frac{\mu_{[k]}-\mu_{[i]}}{\sqrt{z}}>Z_{(i)}, i=1,\ldots,k-1, Z_{(k)}>\frac{\mu_0-\mu_{[k]}+c}{\sqrt{z}}\right)$$
$$=\int_a^{\infty}\left\{\prod_{i=1}^{k-1}\Phi\left(x+\frac{\mu_{[k]}-\mu_{[i]}}{\sqrt{z}}\right)\right\}\phi(x)dx$$

となる．ここで，$a = (\mu_0 - \mu_{[k]} + c)/\sqrt{z}$ である．$\mu_{[k]} - \mu_{[i]} \geq \delta^*, i = 1, \ldots, k-1, \mu_{[k]} - \mu_0 \geq \delta^*$ であるので，$(c - \delta^*)/\sqrt{z} = h - g$ に注意すると (1.20) より

$$P(\mathrm{CS}) \geq \int_{h-g}^{\infty} \Phi^{k-1}(x+g)\phi(x)dx = P_1^*$$

である．

問 1.11 $P_1^* > 1/2$ のとき $h < g$ に注意すると，問 1.9 と同様にして示される．

問 1.12 $\tilde{X}_i$ の分布は $N(\mu_i, z)$ である（付録 A 定理 A.5）．ただし，$z = \delta^{*2}/g^2$ である．$\mu_{[i]}$ を母平均に持つ母集団からの推定量を $\tilde{X}_{(i)}, i = 1, \ldots, k$ で表す．$\mu_{[k]} \leq \mu_0$ のとき，$c/\sqrt{z} = h$ に注意すると (1.38) より

$$\begin{aligned}
P(\mathrm{CS}) &= P(\tilde{X}_{(i)} \leq \tilde{X}_0 + c, i = 1, \ldots, k) \\
&= P\left(\frac{\tilde{X}_{(i)} - \mu_{[i]}}{\sqrt{z}} < \frac{\tilde{X}_0 - \mu_0}{\sqrt{z}} + \frac{\mu_0 - \mu_{[i]} + c}{\sqrt{z}}, i = 1, \ldots, k\right) \\
&\geq P\left(\frac{\tilde{X}_{(i)} - \mu_{[i]}}{\sqrt{z}} < \frac{\tilde{X}_0 - \mu_0}{\sqrt{z}} + h, i = 1, \ldots, k\right) \\
&= \int_{-\infty}^{\infty} \Phi^k(x+h)\phi(x)dx = P_0^*
\end{aligned}$$

また，$\mu_{[k]} \geq \max(\mu_{[k-1]}, \mu_0) + \delta^*$ のときは

$$P(\mathrm{CS}) = P(\tilde{X}_{(k)} > \tilde{X}_{(i)}, i = 1, \ldots, k-1, \tilde{X}_{(k)} > \tilde{X}_0 + c)$$

であるので，$Z_{(i)} = (\tilde{X}_{(i)} - \mu_{[i]})/\sqrt{z}, i = 1, \ldots, k, Z_0 = (\tilde{X}_0 - \mu_0)/\sqrt{z}$ とおくと

$$\begin{aligned}
P(\mathrm{CS}) = P\Bigg(&Z_{(k)} + \frac{\mu_{[k]} - \mu_{[i]}}{\sqrt{z}} > Z_{(i)}, i = 1, \ldots, k-1, \\
&\qquad Z_{(k)} > Z_0 + \frac{\mu_0 - \mu_{[k]} + c}{\sqrt{z}}\Bigg) \\
= &\int_{-\infty}^{\infty} \left\{\prod_{i=1}^{k-1} \Phi\left(x + \frac{\mu_{[k]} - \mu_{[i]}}{\sqrt{z}}\right)\right\} \Phi\left(x + \frac{\mu_{[k]} - \mu_0 - c}{\sqrt{z}}\right) \phi(x)dx
\end{aligned}$$

となる．$\mu_{[k]} - \mu_{[i]} \geq \delta^*, i = 1, \ldots, k-1, \mu_{[k]} - \mu_0 \geq \delta^*$ であるので，$\delta^*/\sqrt{z} = g(c - \delta^*)/\sqrt{z} = h - g$ に注意すると (1.38) より

$$P(\text{CS}) \geq \int_{-\infty}^{\infty} \Phi^{k-1}(x+g)\Phi(x+g-h)\phi(x)dx = P_1^*$$

である．

第2章

問 2.1　$k = 4, n = 20$ より，$h = 2.963$ である．また，$\bar{X}_{[4]} = 148.2, \hat{\sigma}^2 = 19.83$ であるので，その標本平均が

$$148.2 - 2.963 \times \sqrt{\frac{19.83}{20}} = 145.25$$

以上の材料が選択される．したがって，原材料 $\mathrm{A}_2, \mathrm{A}_3$ が選択される．

問 2.2　$k = 4, n = 20$ より，$\tilde{h} = 3.204$ である．$\bar{X}_{[4]} = 148.2$，標本分散の最大値は 24.4 であるので，その標本平均が

$$148.2 - 3.204 \times \sqrt{\frac{24.4}{20}} = 144.66$$

以上の材料が選択される．この場合も $\mathrm{A}_2, \mathrm{A}_3$ が選択される．

問 2.3　$k = 5, m = 12, \mu_0 = 22, \delta^* = 1.0$ より，$d = 1.0/2 = 0.5, h = 2.385$ である．また，$\hat{\sigma}^2 = 0.66$ であるので，トライアルの回数 N は

$$N = \max\left\{12, \left[\frac{2.385^2 \times 0.66}{0.5^2}\right] + 1\right\} = 16$$

である．その標本平均が $22 + 0.5 = 22.5$ 以上の選手が選抜される．したがって，選手 $\mathrm{A}_3, \mathrm{A}_4$ が選択される．

問 2.4　$k = 5, m = 12, \mu_0 = 22, \delta^* = 1.0$ より，$d = 1.0/2 = 0.5, \tilde{\lambda} = 2.707$ である．したがって，$z = 0.5^2/2.707^2 = 0.0341$ である．選手 A_1 のトライアルの回数 N_1 は

$$N_1 = \max\left\{12 + 1, \left[\frac{0.8}{0.0341}\right] + 1\right\} = 24$$

である．他の選手について同様に求めると，$N_2 = 13, N_3 = 30, N_4 = 15, N_5 = 18$ である．

問 2.5 $k=3, m=14, \delta^*=3.0$ より，$d=3.0/2=1.5, \lambda_T=3.056$ である．また，$\hat{\sigma}^2=4.38$ であるので，実験回数 N は

$$N=\max\left\{14,\left[\frac{3.056^2\times 4.38}{1.5^2}\right]+1\right\}=19$$

である．$\bar{X}_{0(19)}=38.2$ であるので，標本平均が $38.2+1.5=39.7$ 以上の薬が選択される．したがって，$\mathrm{A}_2, \mathrm{A}_3$ が選択される．

問 2.6 $k=3, m=14, \delta^*=3.0$ より，$d=3.0/2=1.5, \lambda_D=3.280$ である．したがって，$z=1.5^2/3.280^2=0.209$ である．標準薬 A_0 の実験回数 N_0 は

$$N_0=\max\left\{14+1,\left[\frac{4.6}{0.209}\right]+1\right\}=23$$

である．他の薬について同様に求めると，$N_1=24, N_2=20, N_3=19$ である．

問 2.7 $\mu_k=\mu_{[k]}$ とし

$$W_i=\frac{\sqrt{n}(\bar{X}_{i(n)}-\bar{X}_{k(n)}-\mu_i+\mu_k)}{\sqrt{\sigma_i^2+\sigma_k^2}},\quad i=1,\ldots,k-1$$

とおく．$\mu_k\geq\mu_i, i=1,\ldots,k-1$ と (A.4)，スレピアンの不等式（付録 A 定理 A.17）より

$$\begin{aligned}
P(\mathrm{CS})&=P\left(\bar{X}_{k(n)}>\bar{X}_{[k]}-h\sqrt{\frac{\max_{i=1,\ldots,k}\sigma_i^2}{n}}\right)\\
&=P\left(\bar{X}_{k(n)}>\bar{X}_{i(n)}-h\sqrt{\frac{\max_{i=1,\ldots,k}\sigma_i^2}{n}}, i=1,\ldots,k-1\right)\\
&=P\left(W_i\leq\frac{\sqrt{n}(\mu_k-\mu_i)}{\sqrt{\sigma_i^2+\sigma_k^2}}+h\sqrt{\frac{\max_{i=1,\ldots,k}\sigma_i^2}{\sigma_i^2+\sigma_k^2}}, i=1,\ldots,k-1\right)\\
&\geq P\left(W_i\leq\frac{h}{\sqrt{2}}, i=1,\ldots,k-1\right)\geq\prod_{i=1}^{k-1}P\left(W_i\leq\frac{h}{\sqrt{2}}\right)\\
&=\Phi^{k-1}\left(\frac{h}{\sqrt{2}}\right)
\end{aligned}$$

である．したがって，(2.5) より示される．

問 2.8　Ω_I は空集合であるので，Ω_B, Ω_G の要素の個数を r, s とすると $r + s = k$ である．したがって，$Z_i = \sqrt{n}(\bar{X}_{i(n)} - \mu_i)/\sigma, i = 1, \ldots, k$ とおくと

$$\begin{aligned} P(\mathrm{CS}) &= P(\bar{X}_{i(n)} \leq \mu_0 + d, \bar{X}_{j(n)} > \mu_0 + d, \Pi_i \in \Omega_B, \Pi_j \in \Omega_G) \\ &= P\Bigg(Z_i \leq \frac{\sqrt{n}(\mu_0 - \mu_i + d)}{\sigma}, Z_j > \frac{\sqrt{n}(\mu_0 - \mu_j + d)}{\sigma}, \\ &\qquad\qquad \Pi_i \in \Omega_B, \Pi_j \in \Omega_G\Bigg) \\ &\geq P\left(Z_i \leq \frac{\sqrt{n}d}{\sigma}, Z_j > \frac{\sqrt{n}d}{\sigma}, \Pi_i \in \Omega_B, \Pi_j \in \Omega_G\right) \\ &= \Phi^r\left(\frac{\sqrt{n}d}{\sigma}\right)\left(1 - \Phi\left(\frac{\sqrt{n}d}{\sigma}\right)\right)^{k-r} \end{aligned}$$

である．等号は，$\mu_1 = \cdots = \mu_k = \mu_0$ のときに成立する．$r = 0, 1, \ldots, k$ であり，$P(\mathrm{CS})$ の最小値は，$d \geq 0$ のときは $r = 0$，$d < 0$ のときは $r = k$ でとり，いずれの最小値も 2^{-k} 以下である．

問 2.9　$Z_i = (\tilde{X}_{i(n_i)} - \mu_i)/\sqrt{z}, i = 1, \ldots, k$ とおくと，Z_i の分布は標準正規分布である（付録 A 定理 A.5）．したがって

$$\begin{aligned} P(\mathrm{CS}) &= P(\tilde{X}_{i(n_i)} \leq \mu_0 + d, \tilde{X}_{j(n_j)} > \mu_0 + d, \Pi_i \in \Omega_B, \Pi_j \in \Omega_G) \\ &= P\left(Z_i \leq \frac{\mu_0 - \mu_i + d}{\sqrt{z}}, Z_j > \frac{\mu_0 - \mu_i + d}{\sqrt{z}}, \Pi_i \in \Omega_B, \Pi_j \in \Omega_G\right) \\ &\geq P\left(Z_i \leq \frac{d}{\sqrt{z}}, Z_j > -\frac{d}{\sqrt{z}}, \Pi_i \in \Omega_B, \Pi_j \in \Omega_G\right) \\ &= \Phi^{r+s}\left(\frac{d}{\sqrt{z}}\right) \end{aligned}$$

である．ここで，r, s は Ω_B, Ω_G の要素の個数である．$0 \leq r + s \leq k$ であり，$z = d^2/\lambda^2$ であるので

$$P(\mathrm{CS}) \geq \Phi^k\left(\frac{d}{\sqrt{z}}\right) = \Phi^k(\lambda) = P^*$$

である．

問 2.10 $Z_i = (\tilde{X}_{i(n_i)} - \mu_i)/\sqrt{z}, i = 0, 1, \ldots, k$ とおくと，Z_i の分布は標準正規分布である（付録 A 定理 A.5）．したがって，$z = d^2/\lambda^2$ より

$$\begin{aligned}
P(\mathrm{CS}) &= P(\tilde{X}_{i(n_i)} \leq \tilde{X}_{0(n_0)} + d, \tilde{X}_{j(n_j)} > \tilde{X}_{0(n_0)} + d, \Pi_i \in \Omega_B, \Pi_j \in \Omega_G) \\
&= P\biggl(Z_i \leq Z_0 + \frac{\mu_0 - \mu_i + d}{\sqrt{z}}, Z_j > Z_0 + \frac{\mu_0 - \mu_i + d}{\sqrt{z}}, \\
&\qquad\qquad \Pi_i \in \Omega_B, \Pi_j \in \Omega_G\biggr) \\
&\geq P\left(Z_i \leq Z_0 + \frac{d}{\sqrt{z}}, Z_j > Z_0 - \frac{d}{\sqrt{z}}, \Pi_i \in \Omega_B, \Pi_j \in \Omega_G\right) \\
&= \int_{-\infty}^{\infty} \Phi^r(x+\lambda)\Phi^s(-x+\lambda)\phi(x)dx
\end{aligned}$$

である．ここで，r, s は Ω_B, Ω_G の要素の個数である．$0 \leq r + s \leq k$ であるので

$$P(\mathrm{CS}) \geq \int_{-\infty}^{\infty} \Phi^r(x+\lambda)\Phi^{k-r}(-x+\lambda)\phi(x)dx, \quad r = 0, 1, \ldots, k$$

である．補題 B.4 より

$$P(\mathrm{CS}) \geq \int_{-\infty}^{\infty} \Phi^l(x+\lambda)\Phi^{k-l}(-x+\lambda)\phi(x)dx = P^*$$

である．

第 3 章

問 3.1 $k = 4, \delta^* = 0.05$ より，標本数は 850 である．近似式を用いると $\tau = 2.917$ より

$$\left[\frac{(1-0.05)^2 \times 2.917^2}{4 \times 0.05^2}\right] + 1 = 849$$

である．また，A_1 地区の喫煙率が 1 番高いか，喫煙率の最も高い地区との差は 5% 以下である．

問 3.2 $k = 6, n = 50$ であるので，$d = 11$ である．$X_{[6]} = 46$ であるので，有効であった人数が $46 - 11 = 35$ 人以上の薬が選択される．したがって，$\mathrm{A}_2, \mathrm{A}_4, \mathrm{A}_6$ の薬が選択される．

問 3.3 $k = 4, \Delta^* = 0.6$ より，実験回数は 19 回である．また，実験の結果より，A_4 が選択される．A_4 の分析精度が最もよいか，悪くても，その標準偏差と最良の分析方法の標準偏差の比は $1/0.6 = 1.67$ 以下である．

問 3.4 $k = 4, n = 18$ より，$c = 0.349$ である．$S^2_{[1]} = 3.26$ であるので，標本分散が，$3.26/0.349 = 9.34$ 以下の機械が選択される．したがって，A_1, A_3, A_4 の機械が選択される．

問 3.5 $k = 3, m = 14, \delta^* = 0.5$ であるので，$h = 6.182$ である．また，$\hat{\sigma} = 3.9$ であるので，実験回数 N は

$$N = \max\left\{14, \left[\frac{6.182 \times 3.9}{2 \times 0.5}\right] + 1\right\} = 25$$

となる．

問 3.6 $\gamma = 4.265$ となるので，鎮痛剤 A_1 の実験回数 N_1 は

$$N_1 = \max\left\{14, \left[\frac{4.265 \times 4.2}{0.5}\right] + 1\right\} = 36$$

である．他の鎮痛剤についても同様に求めると，$N_2 = 34, N_3 = 31$ である．

問 3.7 $k = 5, n = 16$ であるので，$h = 7.499$ である．$X_{[5]} = 72, \hat{\sigma} = 9.2$ であるので最小値が

$$72 - \frac{7.499 \times 9.2}{2 \times 16} = 69.8$$

以上の調理法が選択される．したがって，A_4 と A_5 の調理法が選択される．

問 3.8 $\gamma = 5.089$，U_i の最大値は 10.2 であるので，最小値が

$$72 - \frac{5.089 \times 10.2}{16} = 68.8$$

以上の調理法が選択される．したがって，A_4 と A_5 の調理法が選択される．

問 3.9 $k=4, m=10, \delta^*=0.5$ である．$r=0.0167, t_9(0.0167)=2.508$ であり，$W_{10}=465$ であるので，実験回数 N は

$$N=\max\left\{10, \left[\frac{2.508^2\times 465}{10^2}\right]+1\right\}=30$$

となる．また，実験結果から A_3 に一番圧力が掛かるか，一番圧力が掛かるところとの差は 10 以内である．

問 3.10 $k=4, n=20$ である．$r=0.0167, t_{19}(0.0167)=2.293$ であり，$\bar{X}_{[20]}=30.5, W_{20}=32.41$ であるので，標本平均が

$$30.5-2.293\times\sqrt{\frac{32.41}{20}}=27.58$$

以上の薬が選択される．また，この場合は A_3 の薬だけが選択される．

問 3.11 X_1, X_2 を二項分布 $B(n,p_1), B(n,p_2)$ に従う確率変数とし，対応する連続型二項分布に従う確率変数を Y_1, Y_2 とする．

$$\int_{-1/2}^{n+1/2} F(y,p_1)f(y,p_2)dy=\sum_{x=0}^{n} P(X_2=x)\int_{x-1/2}^{x+1/2} P(Y_1<y)dy$$

と表すことができる．$x-1/2<y<x+1/2$ のとき

$$\begin{aligned}
P(Y_1<y) &= P\left(Y_1<x-\frac{1}{2}\right)+P\left(x-\frac{1}{2}<Y_1<y\right)\\
&= P(X_1<x)+P\left(x-\frac{1}{2}<Y_1<y\right)\\
&= P(X_1<x)+P\left(x-\frac{1}{2}<X_1<x+\frac{1}{2}\right)\\
&\qquad \times P\left(x-\frac{1}{2}<Y_1<y \middle| x-\frac{1}{2}<X_1<x+\frac{1}{2}\right)\\
&= P(X_1<x)+P(X_1=x)\left(y-\left(x-\frac{1}{2}\right)\right)
\end{aligned}$$

となるので

$$\int_{-1/2}^{n+1/2} F(y,p_1)f(y,p_2)dy$$
$$= \sum_{x=0}^{n} P(X_2 = x)\int_{x-1/2}^{x+1/2}\left\{P(X_1 < x) + P(X_1 = x)\left(y - \left(x - \frac{1}{2}\right)\right)\right\}dy$$
$$= \sum_{x=0}^{n} P(X_2 = x)\left\{P(X_1 < x) + P(X_1 = x)\frac{1}{2}\right\}$$
$$= P(X_1 < X_2) + \frac{1}{2}P(X_1 = X_2)$$

となる．

問 3.12　連続型二項分布の確率密度関数を $f(x,p)$ とする．$p < p'$ に対して

$$\frac{f(x,p')}{f(x,p)} = \frac{g(y(x),p')}{g(y(x),p)} = \left(\frac{p'}{p}\right)^{y(x)}\left(\frac{1-p'}{1-p}\right)^{n-y(x)}$$
$$= \left(\frac{1-p'}{1-p}\right)^{n}\left(\frac{p'/(1-p')}{p/(1-p)}\right)^{y(x)}$$

である．したがって，確率密度関数の比は，x の非減少関数になる．

問 3.13　$p_{[2]} = p_2 = \theta^*/(\theta^*+1)$ とする．$X_2 = X$ とすると，$X_1 = n - X$ である．したがって

$$P(\mathrm{CS}) = P(X > n - X) + \frac{1}{2}P(X = n - X)$$

n が奇数の場合，第二項は 0 であるので結果が示される．

問 3.14　$p_{[1]} = p_1 = (1-\delta^*)/2$ とする．$X_1 = X$ とすると，$X_2 = n - X$ である．したがって

$$P(\mathrm{CS}) = P(X < n - X) + \frac{1}{2}P(X = n - X)$$

n が奇数の場合，第二項は 0 であるので結果が示される．

参考文献

[1] Alam, K. and Thompson, J.R. (1972). On selecting the least probable multinomial event, *Ann. Math. Statist.*, **43**, 1981–1990.

[2] Bechhofer, R.E. (1954). A single-sample multiple decision procedure for ranking means of normal populations with known variances, *Ann. Math. Statist.*, **25**, 16–39.

[3] Bechhofer, R.E. and Sobel, M. (1954). A single-sample multiple-decision procedure for ranking variances of normal populations, *Ann. Math. Statist.*, **25**, 273–289.

[4] Bechhofer, R.E. and Turnbull, B. (1978). Two $(k+1)$-decision selection procedures for comparing k normal means with a specified standard, *J. Amer. Statist. Assoc.*, **73**, 385–392.

[5] Bechhofer, R.E., Dunnet, C.W., and Sobel, M. (1954). A two-sample multiple-decision procedure for ranking means of normal populations with a common unknown variance, *Biometrika*, **42**, 170–175.

[6] Bechhofer, R.E., Elmaghraby, S., and Morse, N. (1959). A single-sample multiple-decision procedure for selecting the multinomial event which has the highest probability, *Ann. Math. Statist.*, **30**, 102–119.

[7] Bechhofer, R.E., Santner, T.J. and Goldsman, D.M. (1995). *Design and Analysis of Experiments for Statistical Selection, Screening, and Multiple Comparisons*, Wiley.

[8] Bernhofen, L. (2000). Selecting the best population in comparison with a control: the normal case with common unknown variance, *Amer. J. Math. Management Sci.*, **20**, 277–304.

[9] Bishop, T.A. and Dudewicz, E.J. (1978). Exact analysis of variance with unequal variances: test procedures and tables, *Technometrics*, **20**, 419–430.

[10] Bishop, T.A. and Dudewicz, E.J. (1981). Heteroscedastic anova, *Sankhya*, **B43**, 40–57.

[11] Chapman, D.G. (1950). Some two sample tests, *Ann. Math. Statist.*, **21**, 601–606.

[12] Clark, G.M. and Yang, W.N. (1986). A Bonferroni selection procedure when using common random numbers with unknown variances, *Proc. 1986 Winter*

Simulation Conference, 311-315.

[13] Dantzig, G.B. (1940). On the non-existence of tests of Student's hypothesis having power functions independent of σ, *Ann. Math. Statist.*, **11**, 186-192.

[14] Desu, M.M., Narula, S.C., and Villarreal, B. (1977). A two-stage procedure for selecting the best of k exponential distributions, *Commun. Statist.-Theory Methods*, **6**, 1223-1230.

[15] Dudewicz, E.J. (1971). Non-existence of a single-sample selection procedure whose P{CS}is independent of the variances, *S. Afr. Stat. J.*, **5**, 37-39.

[16] Dudewicz, E.J. and Bishop, T.A. (1979). The heteroscedastic method, *Optimizing Methods in Statistics* (J.S. Rustagi, ed.), Academic Press, 183-203.

[17] Dudewicz, E.J. and Dalal, S.R. (1975). Allocation of observations in ranking and selection with unequal variances, *Sankhya*, **B37**, 28-78

[18] Dunnett, C.W. (1955). A multiple comparison procedure for comparing several treatments with a control, *J. Amer. Statist. Assoc.*, **50**, 1096-1121.

[19] Fabian, V. (1962). On multiple decision methods for ranking populations means, *Ann. Math. Statist.*, **33**, 248-254.

[20] Ghurye, S.G. (1958). Note on sufficient statistics and two-stage procedures, *Ann. Math. Statist.*, **29**, 155-166.

[21] Gibbons, J.D., Olkin, I., and Sobel, M. (1977). *Selecting and Ordering Populations*, Wiley.

[22] Gupta, S.S. (1956). On a decision rule for a problem in ranking means, Ph.D.Thesis (Mimeo. Ser. No.150). Inst. of Statist., Univ. of North Carolina, Chapel Hill.

[23] Gupta, S.S. (1965). On some multiple decision (selection and ranking) rules, *Technometrics*, **7**, 225-245.

[24] Gupta, S.S. and Panchapakesan, S. (1979). *Multiple Decisions Procedures*, Wiley.

[25] Gupta, S.S. and Sobel, M. (1958). On selecting a subset which contains all populations better than a standard, *Ann. Math. Statist.*, **29**, 235-244.

[26] Gupta, S.S. and Sobel, M. (1962). On selecting a subset containing the population with the smallest variance, *Biometrika*, **49**, 495-507.

[27] Gupta, S.S. and Wong, W.Y. (1987). Subset selection procedures for the means of normal populations with unequal variances: unequal sample sizes case, *Select Statistica Canadian*, **VI,** 109-150.

[28] Hoeffding, W. and Wolfowitz, J. (1958). Distinguishability of sets of distributions, *Ann. Math. Statist.*, **29**, 700-718.

[29] Hsu, J.C. (1996). *Multiple Comparisons Theory and Methods*, Chapman&Hall.

[30] Kesten, H. and Morse, N. (1959). A property of the multinormal population, *Ann. Math. Statist.*, **30**, 120–127.

[31] Lam, K. (1988). An improved two-stage selection procedure, *Commun. Statist.-Theory Methods*, **17**, 995–1006.

[32] Lam K. (1992). Subset selection of normal populations under heteroscedasticity, *The Frontiers of Modern Statistical Inference Procedures,* **II**, American Sciences Press, 307–347.

[33] Lehmann, E.L. (1951). *Notes on the Theory of Estimation*, University of California Press.

[34] Lehmann, E.L. (1986). *Testing Statistical Hypotheses* (2nd Ed.), Wiley.

[35] Mukhopadhyay, N. and Chou, W.S. (1984). On selecting the best component of a multivariate normal population, *Sequential Analysis.*, **3**, 1–22.

[36] Mukhopadhyay, N. and Hamdy, H.I. (1984). Two-stage procedures for selecting the best exponential population when the scale parameters are unknown and unequal, *Sequential Analysis*, **3**, 51–74.

[37] Mukhopadhyay, N. and Solanky, T.K.S. (1994). *Multistage Selection and Ranking Procedures: Second-Order Asymptotics,* Marcel Dekker.

[38] 永田靖 (2003). サンプルサイズの決め方, 朝倉書店.

[39] Nelson, B.L. and Goldsman, D. (2001). Comparisons with a standard in simulation experiments, *Manage. Sci.*, **47**, 449–463.

[40] Nelson, B.L. and Matejcik, F.J. (1995). Using common random numbers for indifference-zone selection and multiple comparisons in simulations, *Manage. Sci.*, **41**, 1935–1945.

[41] Parnes, M. and Srinivasan, R. (1986). Some inconsistencies and errors in the indifference zone formulation of selection, *Sankhya*, **A48**, 86–97.

[42] Rinott, Y. (1978). On two-stage selection procedures and related probability-inequalities, *Commun. Statist.-Theory Methods*, **7**, 799–811.

[43] Slepian, D. (1962). The one-sided barrier problem for Gaussian noise, *Bell System Tech. J.*, **41**, 463–501.

[44] Sobel, M. and Huyett, M.J. (1957). Selecting the best one of several binomial populations, *Bell System Tech. J.*, **36**, 537–576.

[45] Stein, C. (1945). A two-sample test for a linear hypothesis whose power is independent of the variance, *Ann. Math. Statist.*, **24**, 669–673.

[46] Takada, Y. (1986). Non-existence of fixed sample size procedures for scale families, *Sequential Analysis*, **5**, 93–101.

[47] Takada, Y. (1998). The nonexistence of procedures with bounded performance characteristics in certain parametric inference problems, *Ann. Inst. Statist. Math.*, **50**, 325–335.

[48] Takada, Y. (2007). Selection problem for normal populations with unknown variances, *Far East J. Theor. Statist.*, **23**, 165-176.

[49] Takada, Y. (2009). Selecting the best component of a multivariate normal population, *Commun. Statist.-Theory Methods*, **38**, 3198-3212.

[50] Takada, Y. (2010). Selecting the best normal population better than a standard under unequal variances, *J. Statist. Plann. Inference*, **140**, 2693-2705.

[51] Takada, Y. (2011). Selecting the best normal population better than a control when variances are unknown and unequal, *Amer. J. Math. Manage. Sci.*, **31**, 209-225.

[52] 高田佳和・青嶋誠 (2006). 事前に決定された精度を持つ同時推定法, 日本統計学会誌, **36**, 65-77.

[53] Taneja, B.K. and Dudewicz, E.J. (1992). Selection of the best experimental category provided it is better than a standard: the heteroscedastic method solution, in *The Frontiers of Modern Statistical Inference Procedures,* II (R.E. Bofinger, ed.), American Science Press, 47-90.

[54] Taneja, B.K. and Dudewicz, E.J. (1993). Exact solutions to the Behrens-Fisher problem, *Multiple Comparisons, Selection, and Applications in Biometry (A Festschrift in Honor of Charles W. Dunnett)* (F.M. Hoppe, ed.), Marcel Dekker, 447-477.

[55] Tong, Y.L. (1969). On partitioning a set of normal populations by their locations with respect to a control, *Ann. Math. Statist.*, **40**, 1300-1324.

[56] Tong, Y.L. (1980). *Probability Inequalities in Multivariate Distributions*, Academic Press.

索　引

〈著者紹介〉

高田佳和（たかだ よしかず）

1975 年　大阪大学大学院基礎工学研究科修士課程
現　在　熊本大学名誉教授
　　　　工学博士
専　門　数理統計
主　著　『基礎統計学』（共著，朝倉書店，1992）
　　　　『数学っておもしろい』（共著，日本評論社，2001）
　　　　『統計データ科学事典』（共著，朝倉書店，2007）
　　　　『例題で学ぶ統計入門』（森北出版，2013）
　　　　『統計科学百科事典』（共訳，丸善出版，2018）など

統計学 **One Point 13**

最良母集団の選び方

Methods of Selecting the Best Population

2019 年 5 月 25 日　初版 1 刷発行

著　者　高田佳和　© 2019

発行者　南條光章

発行所　**共立出版株式会社**

〒112-0006
東京都文京区小日向 4-6-19
電話番号　03-3947-2511（代表）
振替口座　00110-2-57035
www.kyoritsu-pub.co.jp

印　刷　大日本法令印刷

製　本　協栄製本

検印廃止

NDC 417

ISBN 978-4-320-11264-3

一般社団法人
自然科学書協会
会員

Printed in Japan